中小学创客教育丛书

Scratch传感生活

SCRATCH
CHUANGAN SHENGHUO

艾奉平◇主　编
陈雪松　王　梅◇副主编

科学出版社

内容简介

在《Scratch创意编程》中，“我”跟随卡特喵去萨卡拉奇王国进行了Scratch探秘之旅，创作出丰富的动画。本书在《Scratch创意编程》的基础上，引入Scratch主控板、传感器、执行器，将虚拟与现实相结合以实现传感生活，应用各种传感器、摄像头、LED灯、电机、蜂鸣器等设计出丰富的项目。本书仍由“任务情景”“思维向导”“任务及分析”“小试牛刀”“挑战自我”“知识加油站”“脑洞大开”“知识树”等模块构成，并通过思维导图将思维可视化，以培养思维的发散性和流畅性，通过“想一想”使学生养成思考、尝试、总结的学习方式。本书借用中国绘画中的“留白”手法，不设标准，为学生留下无限的想象空间。本书还增加了“科学探究”，以引导学生通过实践去认识传感器，探究传感器的参数与实际环境间的关系，并应用于实际的创作之中。

本书可以作为小学、初中的信息技术教学用书，也可以作为科创活动、课外活动用书。

图书在版编目（CIP）数据

Scratch传感生活 / 艾奉平主编. —北京:科学出版社，2017.9

(中小学创客教育丛书)

ISBN 978-7-03-054439-1

Ⅰ.①S… Ⅱ. ①艾… Ⅲ. ①程序设计-青少年读物 Ⅳ.①TP311.1-49

中国版本图书馆CIP数据核字(2017)第221023号

责任编辑：钟文希　侯若男 / 责任校对：马佳璐

责任印制：罗　科 / 封面设计：墨创文化

科学出版社 出版

北京东黄城根北街16号

邮政编码:100717

http://www.sciencep.com

四川煤田地质制图印刷厂印刷

科学出版社发行　各地新华书店经销

*

2017年9月第　一　版　开本：787×1092　1 / 16

2017年9月第一次印刷　印张：5.25

字数：150 000

定价：35.00元

（如有印装质量问题，我社负责调换）

编 委 会

前言

为创新而教

2015年，李克强总理在政府工作报告中首次将“互联网+”行动计划提升为国家战略，开启了“大众创业、万众创新”时代。21世纪的教育，以培养具有创新精神和创新能力的新型人才为使命。

Scratch是由美国著名的麻省理工学院（MIT）设计开发的一款主要面向8～16岁青少年的编程软件，是一种图形化的程序语言。学习者只需要按图示拼接的方式就可以创造交互式的游戏、动画，并可以把学习者的创作共享到网站。

学生学习了《Scratch创意编程》后，感觉积木式的程序设计语言Scratch真有趣，可以用它来创作丰富多彩的作品，并能在网上与小朋友们分享，真是欢乐多多。但是，学生不满足这种只能用键盘和鼠标来玩耍的Scratch，会想让更多的设备参与互动，从而引入Scratch主控板及传感器，实现与真实世界的对话。通过传感器（包括按钮、滑杆、声音、光线、温度、触碰、震动、倾斜传感器）、摄像头、LED灯、电机、蜂鸣器等设备设计出有趣的应用情景，引导学生通过模仿，创造出自己的作品。

《Scratch传感生活》沿用《Scratch创意编程》的思想，创设开放的情景，由“科学探究”“思维向导”“任务及分析”“小试牛刀”“挑战自我”“知识加油站”“脑洞大开”“知识树”八个模块构成。本书将思维导图引入教材，将思维“可视化”，以培养学生思维的发散性和流畅性，鼓励学生大胆地想，想得越多越好、越有创意越好，再聚焦到某个具体的任务上，通过“小试牛刀”让学生在模仿中学习。

本书以任务驱动的思想，先以思维导图的方式引导学生对任务进行分析，注重完成任务的思想方法，将新知识的学习融入到完成任务的过程中。但这种方式忽略了知识的系统性，为此在每课后用“知识加油站”这一模块对知识进行补充完善。

本书以“想一想”的方法让学生在学习之前先用脑思考，再动手尝试以培养学生的直觉思维及学习能力，并在有些地方借用中国绘画中“留白”这一手法，没有所谓的“标准答案”，留给学生思考的空间，以培养学生的创新意识、创新能力。

如果“小试牛刀”是为了让学生在模仿中学习，那么“挑战自我”与“脑洞大开”则是鼓励学生创新，做到与众不同。“挑战自我”是让学生根据自己的想法修改完善“小试牛刀”中的任务，“脑洞大开”则是任由学生去奇思妙想了。

本书增加了“科学探究”模块，在建构主义学习理论的指导下，引导学生通过动手实践以获取数据、分析数据、得出结论，从而完成对知识的建构。

蔡元培说：“教育不为过去，不为现在，而为将来。”教育是面向未来的，创新型人才的培养是教育肩负的重要使命，教育的最终目的是学生的发展。让课程成为提高学生实践能力、激发学生学习动力、培养学生创新能力、鼓励学生探索知识奥秘的广阔空间。

艾奉平

2017 年 6 月 16 日

目录

第 1 课
卡特喵的神秘礼物

积木式的程序设计语言 Scratch 真有趣，我可以用它来创作故事、游戏和动画，并在网上与朋友分享，真是欢乐多多。不过，这些都只能在电脑上完成编程后，用键盘和鼠标来玩耍。如果能让更多的设备参与互动，那就更有趣了！

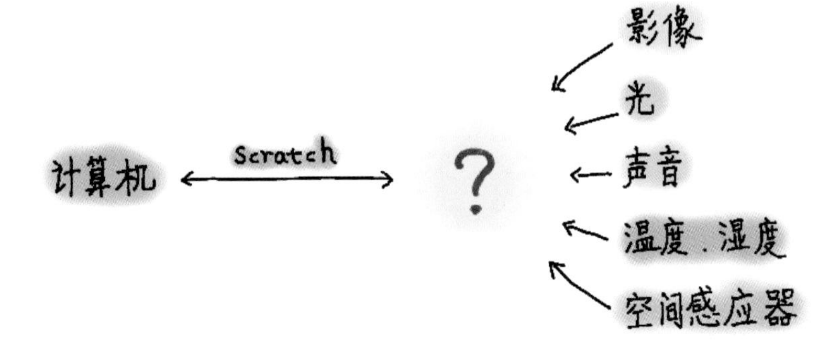

认识主控板

借助这块神奇的 Scratch 主控板，通过传感器，电脑就可以“看到”“听到”“感受到”外界环境的变化，并给执行器下达指令，及时做出相应的“动作”，实现程序与真实世界的“对话”。主控板的外形结构如图 1–1 所示。

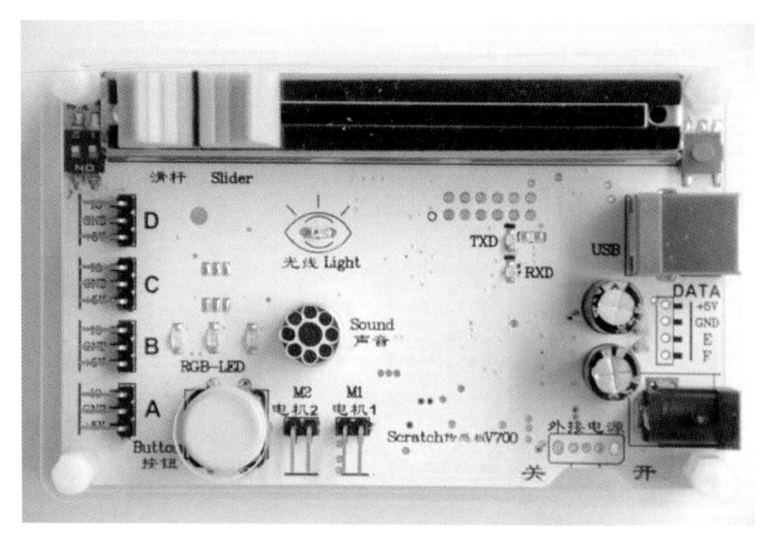

图 1-1　Scratch 主控板

Scratch 主控板集成了光线、声音、按钮、滑杆等传感器，还板载了 RGB-LED 灯、2 个直流电机接口、4 个扩展口（支持输入及输出）。这些接口可以连接各种传感器和执行器，能很好地实现虚拟世界与现实世界的互动，有了它们就可以做出更加生动有趣的创意项目。

我的发现

我听说 Scratch 从 1.4 升级到 2.0 了，那这 2.0 又是怎么回事呢？

Scratch 2.0 有全新的用户界面，更加清晰美观，如图 1-2 所示。

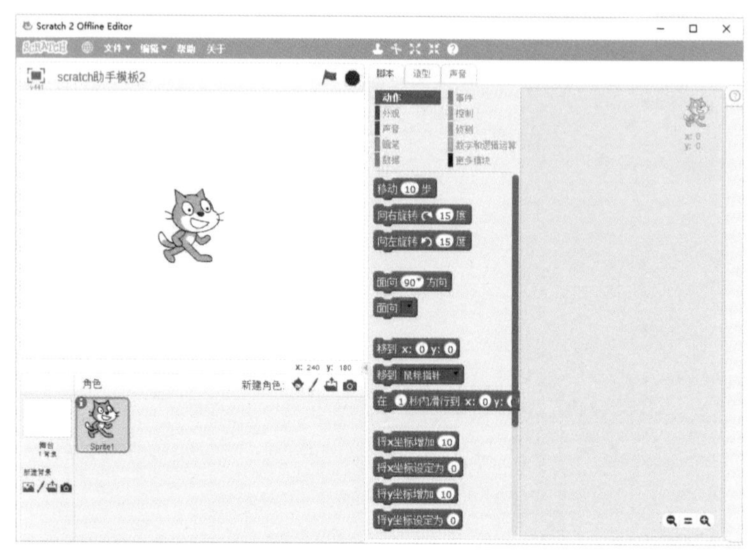

图 1-2　Scratch 2.0 界面

对照图 1–3 中的 Scratch 1.4 界面，看一看，找一找，两个版本有哪些不同呢?

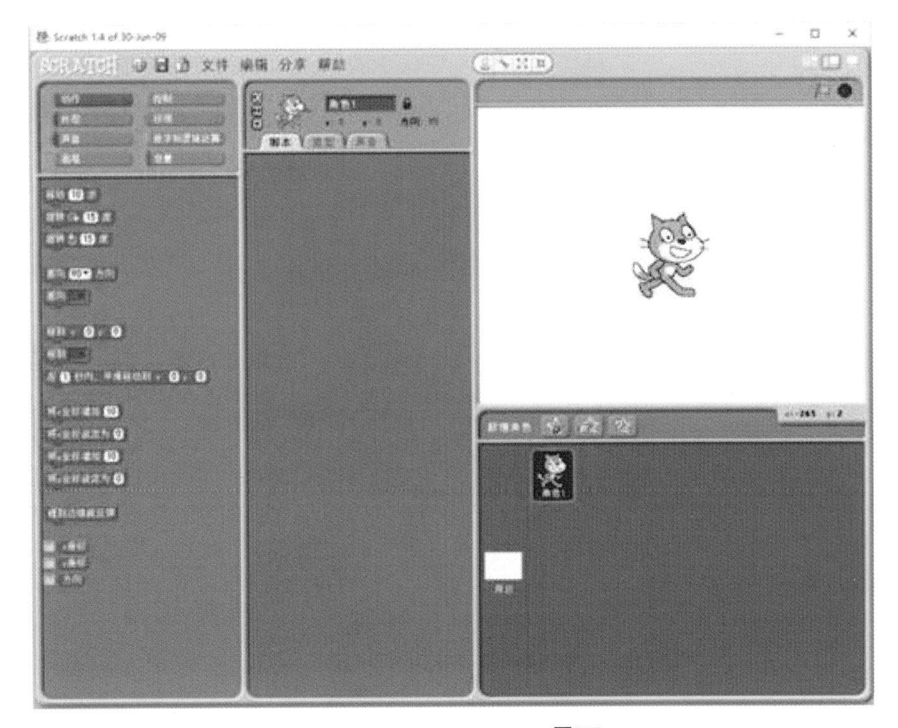

图 1–3　Scratch 1.4 界面

我发现 Scratch 两个版本的区别如表 1–1 所示。

表 1–1

	Scratch 1.4	Scratch 2.0
运行环境	单机版	在线版、单机版
界面	模块在左，舞台与角色区在右 脚本区比较小	舞台与角色区在左，模块在中间 脚本区更大，可写更复杂的程序
指令分类	变量	数据
	控制	事件、控制（新增克隆）
	侦测	侦测（新增摄像头功能）
		更多模块：新建功能块
其他变化		位图和矢量图形的转化

在我们的 Scratch 2.0 版本里，“更多模块”里放着能够控制主控板的扩展模块，是不是很神奇呢？如图 1–4 所示。

图 1-4

2.0 版本的 Scratch 还有在线版本和社区。许多功能需要你大胆地去试一试，心动不如行动，赶快动手做起来吧！

试一试用主控板中的滑杆来控制卡特喵的体形变化。

1. 硬件搭建

用 USB 线连接电脑与主控板，如图 1-5 所示。从硬件助手打开 Scratch 2.0 软件，单击“更多模块”，当看到 Scratch 硬件助手 中的指示灯变为绿色，说明主控板与电脑的连接完成了。

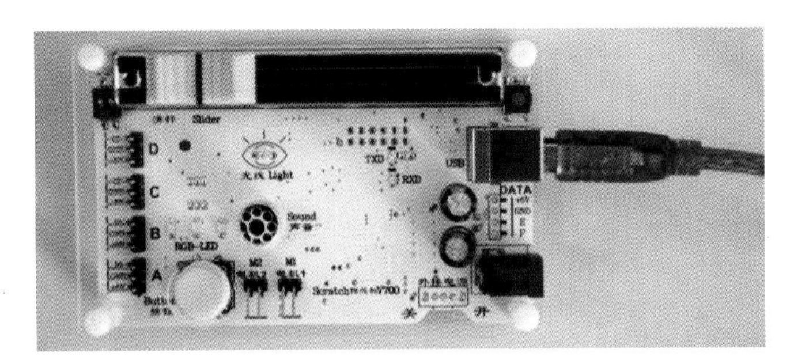

图 1-5

2. 编写脚本

初始化：从外观模块中，选择超广角镜头 将 超广角镜头 特效设定为 0 。

我们可以用滑杆控制超广角镜头特效的值来实现卡特喵体形的变化。想一想，怎样用脚本实现？大家可以参照下面的方法尝试编写，如图 1-6 所示。

图 1-6

试一试滑动滑杆，看看卡特喵体形有什么变化？

1. 如何在家里的电脑上安装使用 Scratch 主控板呢？

先在电脑上安装 Scratch 硬件助手，然后连接 Scratch 主控板就可以了。

安装启动过程如下：

（1）双击安装程序 ，开始安装。安装过程使用默认选项，点击下一步，直到安装结束。

（2）安装完成后桌面会出现 Scratch 硬件助手的图标 。

（3）用 USB 线连接电脑与 Scratch 主控板，双击 Scratch 硬件助手图标，在弹出的窗口中选择“继续试用”就能进入程序，实现主控板和 Scratch 的通信了。

2. 传感器与执行器

传感器也称输入模块。主要用于检测环境变化，并将检测到的信息传输给主控设备。如板载的滑杆、按钮、光线和声音传感器等。

执行器也称输出模块。接收控制指令并通过相应的器件执行一定的动作或显示，如板载的 RGB-LED 灯、直流电机。

3. 你认识表 1-2 所示的传感器和执行器吗?

表 1-2

名称	图片	名称	图片
温度传感器		红外开关	
震动传感器		磁性传感器	
倾斜传感器		电机	
土壤湿度传感器		蜂鸣器	

知识树

第 2 课
神奇的无人机

卡特喵拥有一架神奇的无人机。只要卡特喵通过操作 Scratch 主控板，就能让无人机自由地起飞、降落，并做各种特技表演，真是牛气冲天！想不想一看究竟呢？让我们赶紧来见识一下。

科学探究

原来，卡特喵是通过主控板上的滑杆来控制无人机的，如图 2-1 所示。

图 2-1

Scratch 是通过“更多模块”中的 板载滑杆传感器 来获取滑杆的位置。

那么滑杆的位置与获取到的参数有什么关系呢？我们一起来做实验吧。

（1）用 USB 数据线连接电脑与主控板。

（2）启动 Scratch，勾选 板载滑杆传感器 选项。

（3）滑动滑杆，观察舞台上 Scratch 硬件助手：onboard slider 51 的参数值如何变化，并将它记录在表 2–1 中。

表 2–1

滑杆的位置	参数值	滑杆的位置	参数值
左端		距左端约 3/4 处	
距左端约 1/4 处		右端	
距左端约 1/2 处			

结论：当向右滑动滑杆时，参数值会 ________ 。最大值为 ________ ，位置在

________ ；最小值为 ________ ，位置在 ________ 。

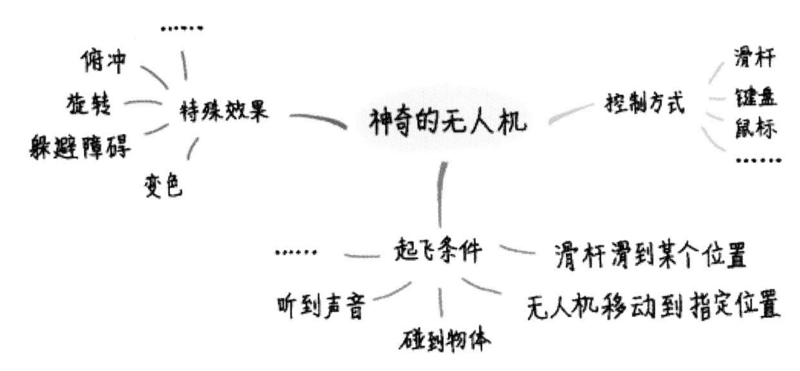

用滑杆控制无人机移动到指定位置起飞，并做变色等特技表演。

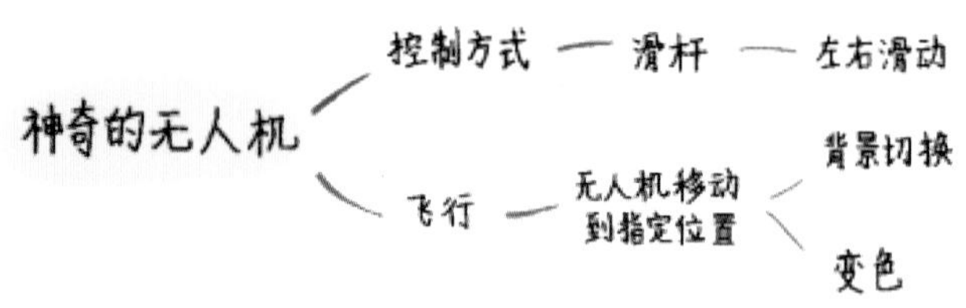

小试牛刀

1. 设置角色及背景

我们要准备无人机角色、一个跑道背景和五个天空背景，从“第 2 课 \ 学生素材”导入，参照图 2–2。

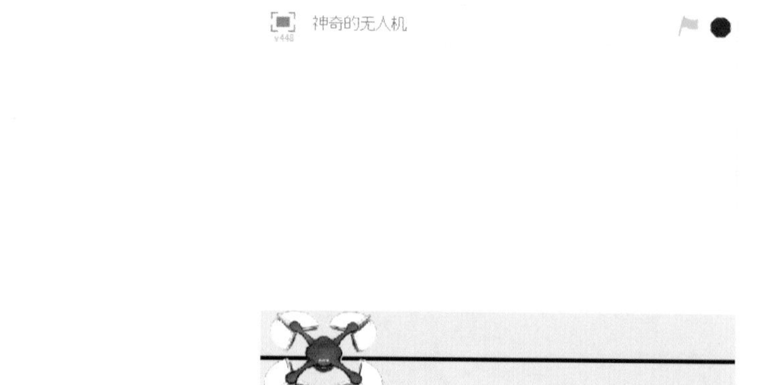

图 2–2

2. 编写脚本

无人机所在背景、位置、大小是固定的，所以首先要初始化。脚本如图 2–3、图 2–4 所示。

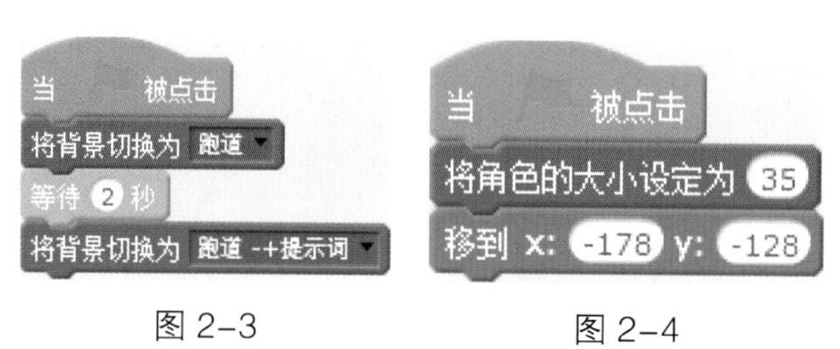

图 2–3　　图 2–4

☞ 无人机在滑杆的控制下水平移动，直到 x 坐标达到起飞值，比如大于 30 开始起飞。由于 x 的范围为 −240 ~ 240，滑杆传感器参数范围是 0 ~ 255，所以需要将传感器参数转换成 x 坐标。转换公式：x= 滑杆值 /255*480−240。

可能涉及的脚本如图 2–5 所示。

```
重复执行直到 (x坐标 of 无人机) > 30
    将x坐标设定为 ((从 板载滑杆传感器 输入的数据) / 255 * 480) - 240
```

图 2–5

☞ 当无人机起飞时，背景切换到天空，通过滑杆移动无人机并使无人机产生颜色特效。脚本如图 2–6 所示。

```
等待 0.5 秒
在 1 秒内滑行到 x: 30 y: 50
广播 起飞
重复执行
    将 颜色 特效设定为 从 板载滑杆传感器 输入的数据
    将x坐标设定为 (从 板载滑杆传感器 输入的数据) / 255 * 480 - 240
    将y坐标设定为 (从 板载滑杆传感器 输入的数据) / 255 * 360 - 180
```

图 2–6

☞ 舞台接收到“起飞”消息，切换背景。脚本如图 2–7 所示。

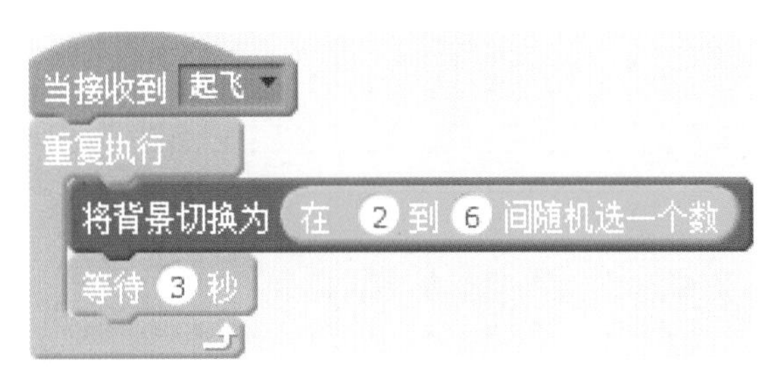

图 2–7

3. 运行并调试程序

点 [旗帜图标] 运行程序，出现了什么情况：________________________________。

你的解决方法是：将滑杆先滑到 ____________________ 再执行。

挑战自我

无人机在天空中遇到自由飞翔的小鸟，需要及时避开以保护小鸟，怎么做呢?

☞ 点拨：可以结合键盘编程来控制无人机。

知识加油站

1. 滑杆使用

本书采用的主控板所接入的滑杆取值范围在 0 ～ 255。

2. 坐标值与滑杆参数转换

舞台宽度是 480，x 坐标范围是 -240 ～ 240，这样 x 坐标值与滑杆参数值的对应关系式为：x 坐标 = 滑杆参数 /255*480-240。同理，y 坐标也可类推：y 坐标 = 滑杆参数 /255*360-180。

脑洞大开

- 设计一个拦球小程序：滑杆控制横板的左右移动，接住弹跳的小球并反弹，不让小球掉到舞台下方。
- 设计一个汽车翻山越岭的游戏：一辆汽车在崇山峻岭中行驶，每到一座山峰，需要用滑杆操纵汽车才能翻越山峰，否则它就退回原地，翻越失败。
- 设计一个用滑杆控制音量大小的音乐播放器。
  用这些功能你还能设计出什么?

知识树

第 3 课 魔幻池塘

卡特喵途经一个魔幻池塘，只要站在池塘边说话，一朵朵五彩的莲花就会在水中竞相绽放，好不热闹。真是太好玩了！这究竟是怎么一回事呢？

科学探究

听到声音，莲花就能自动绽放，要归功于一件秘密武器——声音传感器，如图 3-1 所示。

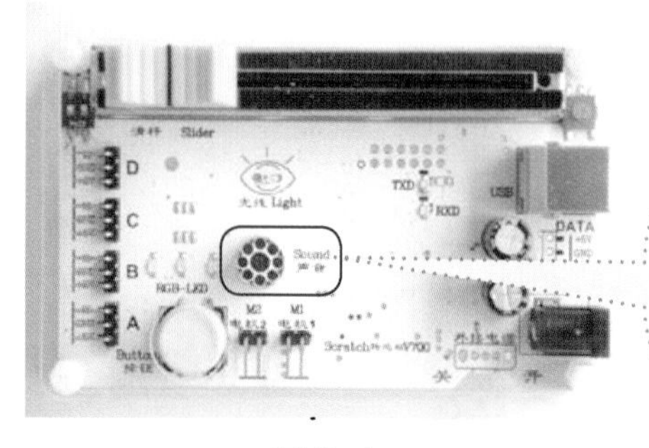

声音传感器就是一个话筒（麦克风），可以接收声波，经过转换后，将数据传送给电脑。

图 3-1

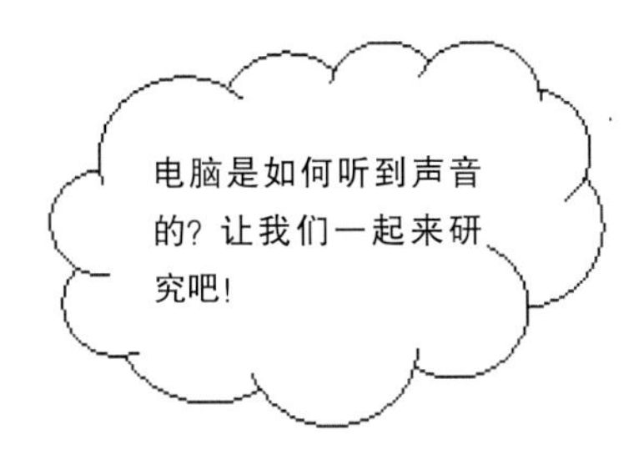

连接硬件，打开 Scratch 软件，勾选“更多模块”里的 板载声音传感器 ，对着声音传感器说几句话，观察舞台上出现的监视窗口 onboard sound Sensor 0 ，探究数值的变化，并将结果记录在表 3-1 中。

表 3-1

记录不说话时的声音数值		
数值是否随声音发生变化？	□ 是	□ 否
声音变大，数值如何变化？	□ 变大	□ 变小
最大数值		
最小数值		

通过实验，能够得出的结论：

（1）在不说话的情况下，我们周围的环境是不是绝对安静的？

（2）监视窗口的数值越大，代表检测到的声音 ________ 。

思维向导

任务及分析

根据声音的大小、莲花在舞台的不同位置，开出大小和颜色不同的花朵。

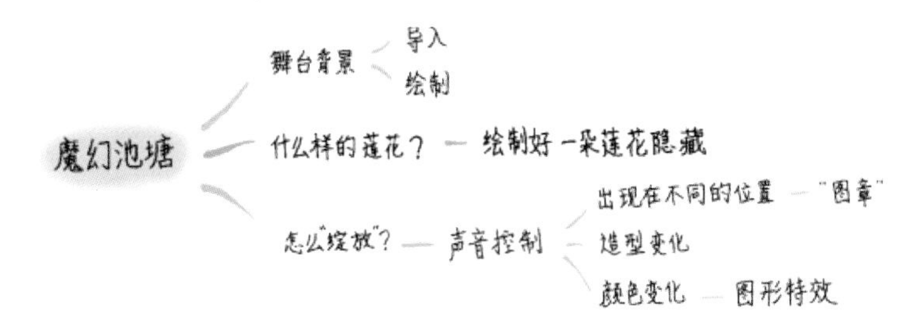

1. 设置背景和角色

（1）单击“舞台”→“背景”，绘制或者从外部导入一张池塘背景。
（2）绘制一片花瓣，如图 3-2 所示。

图 3-2

2. 编写脚本

☞ 花瓣变莲花

设置花瓣旋转中心，让花瓣围绕中心旋转形成花朵，如图 3-3 所示。

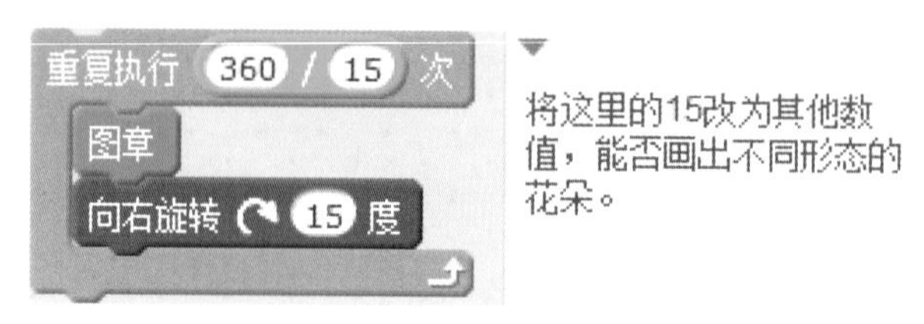

图 3-3

☞ 声音控制

声音控制花朵以不同大小、不同颜色出现在不同位置，如图 3-4 所示。

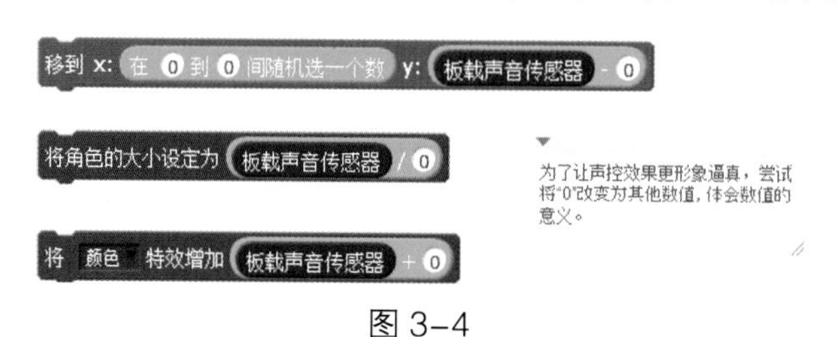

图 3-4

☞ 参考脚本如图 3-5 所示。

```
当 [绿旗] 被点击
重复执行
  如果 (板载声音传感器) > [ ] 那么
    移到 x: 在 ( ) 到 ( ) 间随机选一个数 y: (板载声音传感器) - ( )
    将角色的大小设定为 (板载声音传感器) / ( )
    重复执行 (360) / (15) 次
      将 颜色 特效增加 (板载声音传感器) + ( )
      图章
      向右旋转 ↻ (15) 度
```

空白处需要由你自己确定一个数。

图 3-5

3. 运行并调试程序

单击 [绿旗]，看看效果如何?

想一想，莲花基本都开在舞台的上半部分，而且越往上，莲花越大。有没有方法改进，让莲花在池塘中随机绽放?

1. 如何绽放出多样的花朵

☞ 点拨：

添加多个形态不同的花瓣，声音大小控制，出现不同形态的花瓣，画出的花朵自然也就样式各异了。还有其他的方式哦。

2. 倾听花开的声音

为了让游戏更有趣，花开的同时播放一段声音。

1. 声音传感器的应用

声音传感器可以接收声波，配合电脑可以显示声音的振动图像，测量噪声的强度等。

声音传感器的应用领域非常广泛。从我们身边的广播系统、声控路灯、机器人到航空航天技术，声音传感器都在发挥作用。

传感器的形状与性能也在发生着巨大的变化，接收声音的灵敏度越来越高，形状越来越多样，用途也越来越广泛。

2. 声音大小的表示

声音的大小又叫做声音的强度或声音响度，计量单位是“分贝”。15 分贝以下——感觉安静；30 分贝——耳语的音量大小；60 分贝——正常交谈的声音；70 分贝——相当于走在闹市区；100 分贝——装修电钻的声音；120 分贝——飞机起飞时的声音。

利用声音传感器还可以做哪些事情?

- 结合板载 LED 的声控灯。
- 以图形的方式显示声音大小的指示器。
- 利用声音检测进行报警的防盗报警装置。

知识树

第 4 课 自动灯

夜晚来临，楼道里漆黑一片，要是有一盏能感应这样外界光线、自动开关的灯，就像会眨眼的星星一样，该有多好呀！聪明的卡特喵想了一个办法……

科学探究

我们用光线传感器来检测光线的强弱。光线传感器可将接收到的光线强度传给电脑，如图 4-1 所示。

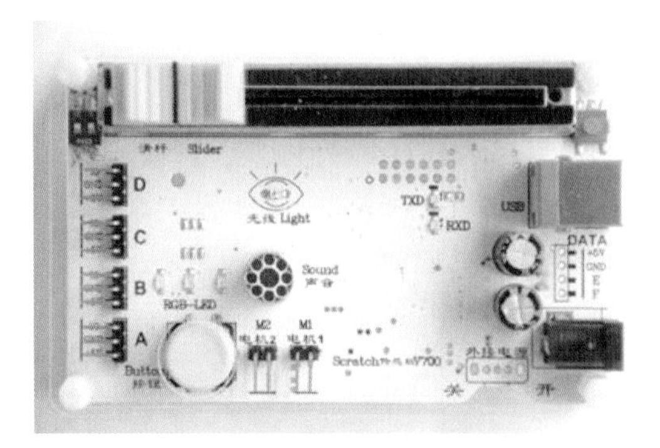

图 4-1

现实生活中的光线有时柔和，有时强烈，有时暗淡。光线的强弱与获取到的参数值有什么关系呢？我们可以通过下面的实验来探究它们之间的关系。

连接硬件，打开 Scratch 软件，勾选“更多模块”里的 ☑ 板载光线传感器 观察正常情况、手电照射及用纸板遮住光线传感器三种情况下舞台上 Scratch 硬件助手:onboard light Sensor 182 数值的变化，并将结果记录在表 4-1 中。

表 4-1

三种情况	参数值
正常情况	
手电照射	
纸板遮住	

结论：光线越强时，显示的值越 ＿＿＿＿＿ ；光线越弱时，显示的值越 ＿＿＿＿＿ 。

思维向导

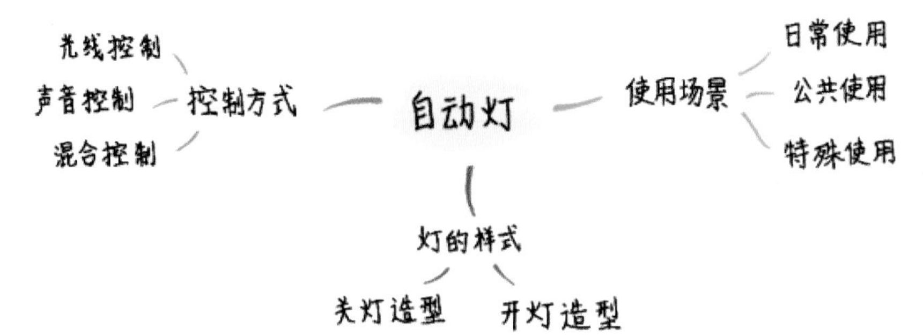

任务及分析

自动灯：光线强烈的白天，灯自动关闭；光线暗淡的夜晚，灯自动打开。

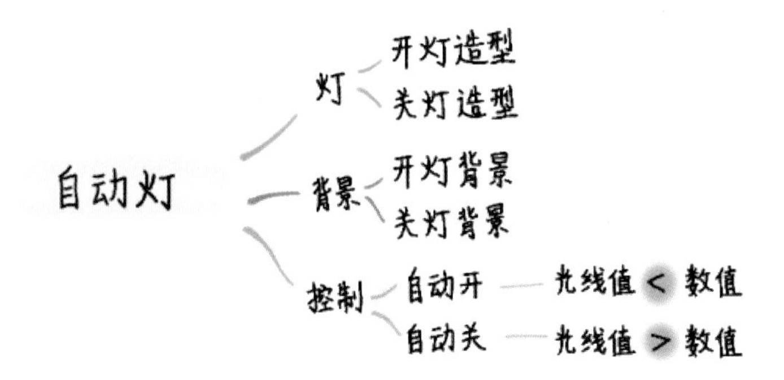

1. 设置角色和背景

从“第 4 课 \ 学生素材”中导入需要的素材，造型 1 代表关灯状态，造型 2 代表开灯状态，如图 4-2 所示。将舞台背景的颜色设置成黑色，代表着光线较弱的夜晚，再导入一个代表白天的背景，如图 4-3 所示。

图 4-2

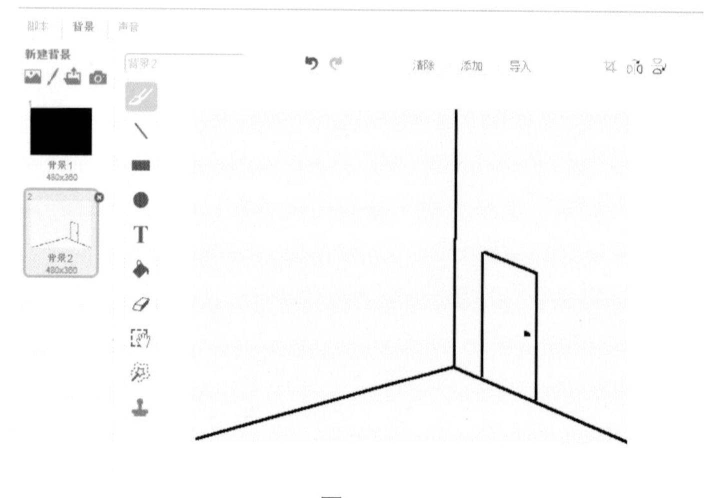

图 4-3

2. 编写脚本

想一想：如何实现对灯的控制?

点拨：

当光线传感器的值小于时 ______，灯自动 ______，如图 4-4 所示。
当光线传感器的值大于时 ______，灯自动 ______，如图 4-5 所示。

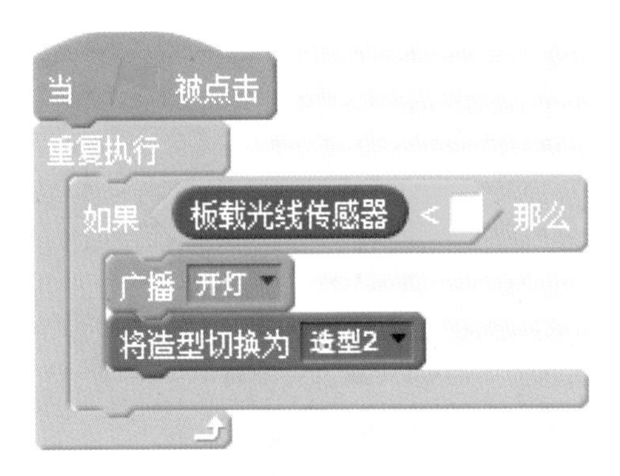

图 4-4

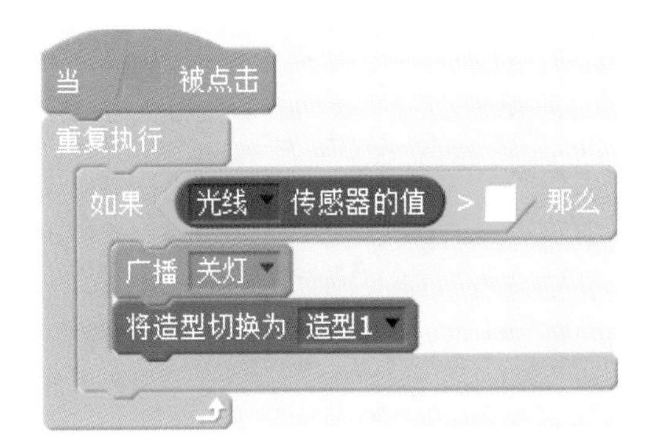

图 4-5

舞台模拟：

开始时模拟光线较弱的夜晚，如图 4-6 所示。
当接收到“开灯”后，切换到背景 2，如图 4-7 所示。
当接收到“关灯”后，切换到背景 1，如图 4-8 所示。

图 4-6　　图 4-7　　图 4-8

3. 运行并调试程序

单击 [绿旗] 执行程序，效果怎样？你发现了哪些问题？

点拨：

有时会出现光线较强时，自动灯也开着的情况，就需要适当调整 光线 传感器的值 < 里的参数值。

（1）虽然楼道很黑，但是没有人，自动灯还是亮着的，有什么办法可以解决吗？可以加入传感器进行判断。

点拨：

天黑时，如果有人发出声音，灯亮，如图 4-9 所示。

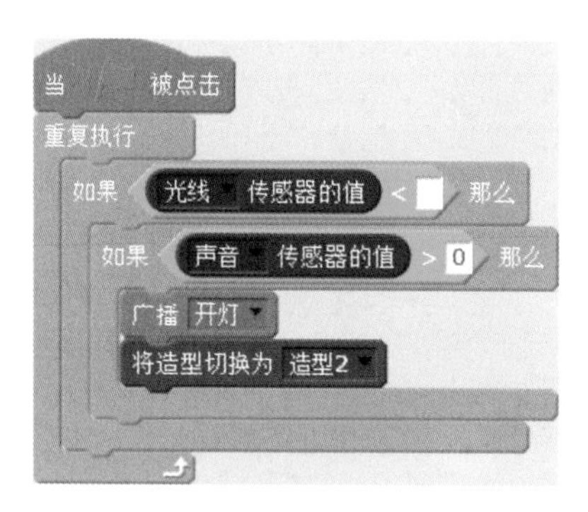

图 4-9

（2）尝试使用 且 对图 4-9 的程序进行优化。

（3）尝试用“如果……否则……”的结构对程序进行优化。

光线传感器的应用

光线传感器在我们日常生活中应用得十分广泛。

（1）背光调节：如电视机、电脑显示器、LED 背光、手机、数码相机、MP4、PDA、GPS 等。根据光线强度自动调整屏幕亮度以适应人的眼睛，达到光线调节作用。

（2）节能控制：如本课讲的自动灯、感应照明、室外广告、玩具等。根据外界光线强度调整工作状态，达到节能的目的。

脑洞大开

除了自动灯，还能利用光线传感器编写出哪些小程序?

- 自动感应迎宾器。
- 声光控开关。
- 光线感应报警器。
- 智能说话玩具。

知识树

第5课
海上求救

卡特喵邀请朋友们乘坐小船到海岛上度假，当大家玩得正高兴时，一阵猛烈的风浪刮来，小船偏离了航线！紧急时刻，我们该如何向外面发出求救信号呢?

科学探究

为了及时发出求救信号，让远处的搜救人员能够很快地发现遇险人员并及时施救，需要用到一个很炫的信号输出设备：板载 RGB-LED 灯（图 5-1），看看它能不能让大家绝处逢生。

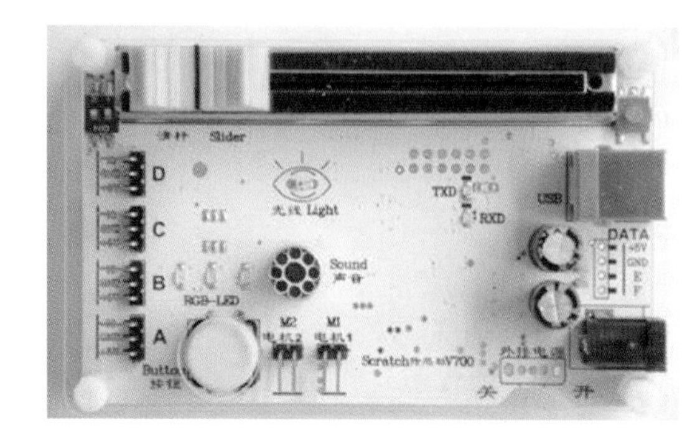

图 5-1

连接硬件（图 5-2），仔细观察主控板在启动时，板载 RGB-LED 灯发出什么颜色的光，并将它记录在下面的空格中。

图 5-2

标号 1、2、3 对应的颜色分别是：（　　）、（　　）、（　　）。

板载 RGB-LED 信号灯有三个颜色，RGB 分别代表（　　）、（　　）、（　　）三个颜色。

LED 是英文 light emitting diode （发光二极管）的缩写，是一种能够将电能转化为可见光的半导体器件。

国际通用的求救信号是 SOS, 我们可以在沙滩上摆出 SOS 的图形，也可以使用主控板的板载 RGB-LED 信号灯，反复发送代表 SOS 的摩尔斯电码。

使用 Scratch 中“更多模块”中的 LED灯 板载红灯 打开 ，选择不同的板载灯选项，可以控制板载 RGB-LED 灯。

思维向导

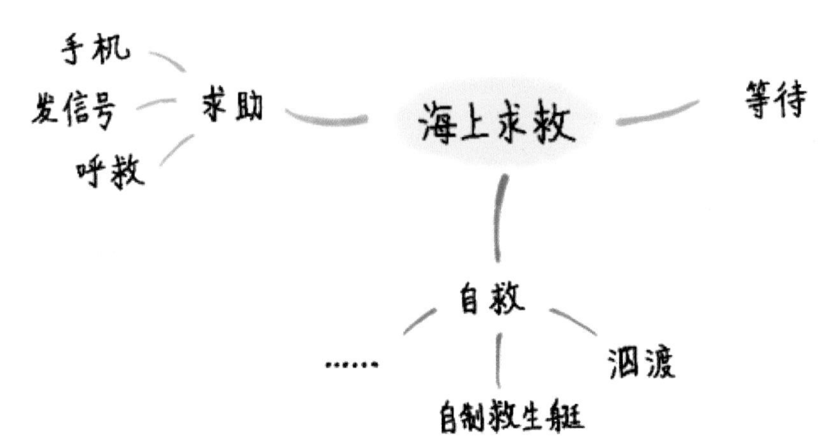

任务及分析

国际通用的求救信号是 SOS, 我们可以使用主控板的板载 RGB-LED 信号灯，反复发送代表 SOS 的摩尔斯电码。

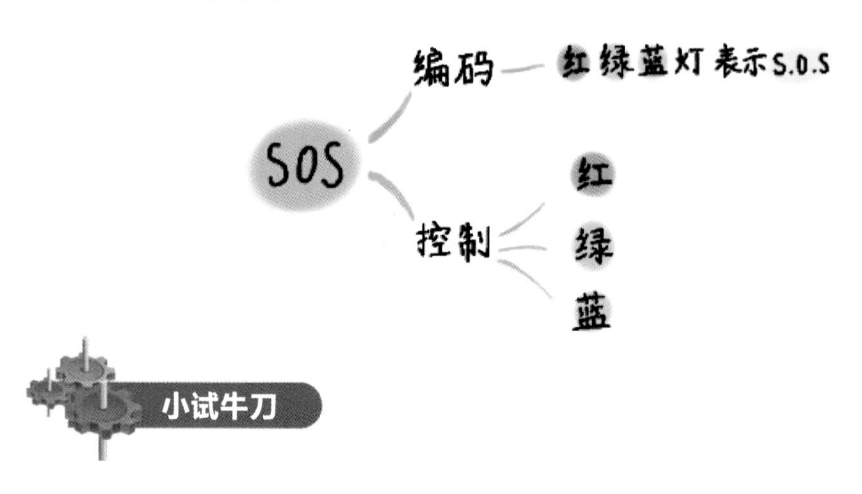

小试牛刀

1. 信息编码

我们可以用光信号 , 反复发送 SOS 摩尔斯电码，如图 5-3 所示。

A	•—	N	—•	1	•————
B	—•••	O	———	2	••———
C	—•—•	P	•——•	3	•••——
D	—••	Q	——•—	4	••••—
E	•	R	•—•	5	•••••
F	••—•	S	•••	6	—••••
G	——•	T	—	7	——•••
H	••••	U	••—	8	———••
I	••	V	•••—	9	————•
J	•———	W	•——	0	—————
K	—•—	X	—••—	?	••——••
L	•—••	Y	—•——	/	—••—•
M	——	Z	——••	。	•—•—•—
( )	—•——•—	—	—••••—	@	•——•—•

图 5-3　摩尔斯电码表

查看图 5-3 中的摩尔斯电码表，在表 5-1 中画出对应的摩尔斯电码。

表 5-1

字母	电码	RGB 灯
S		
O		
SOS		

2. 编写脚本

想一想，怎样才能用光信号代替摩尔斯电码的两个符号呢？将你的想法填入上面表格中。

用 Scratch“更多模块”中的指令 LED灯 板载 红灯 打开 控制板载 LED 灯的开或关。

发送 S 的方法就是让代表 S 的 ________ 个灯闪 ________ 次；

发送 O 的方法就是让代表 O 的 ________ 个灯闪 ________ 次。

为了便于识别信号，信号灯每闪烁一次都要停顿片刻。可参照下面的方法尝试编写，如图 5-4 所示。

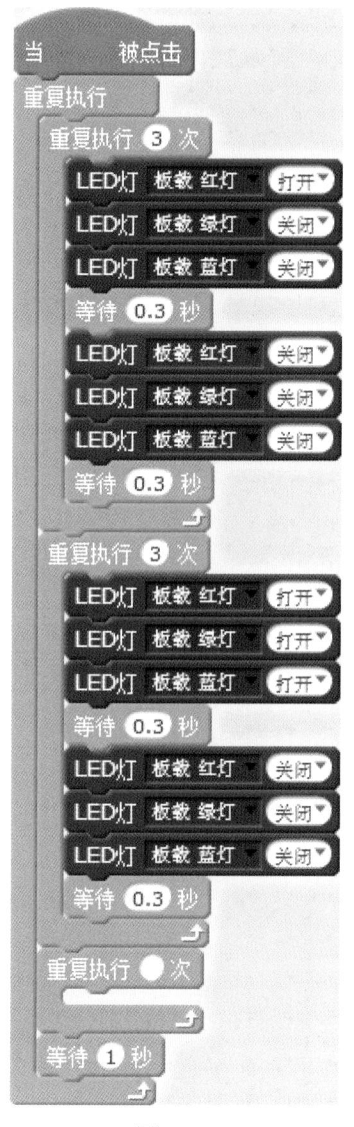

图 5-4

脚本中一个灯和三个灯闪烁间隔时间相同，在完成一次 SOS 信号发送后，要多停留一点时间，以便搜救人员能够根据信号规律，推测出信号传递的信息是代表求救的 SOS!

挑战自我

想一想：还有没有其他的组合方式可以发送 SOS 摩尔斯电码呢?

☞ 点拨：可以用 LED 灯闪烁时间的长短来发送摩尔斯电码，请将你能想到的方法填入表 5-2 中并编写脚本实现。

表 5-2

	方法 1	方法 2	方法 3	方法 4	方法 5
S					
O					

使用“事件”指令中的 当按下 空格键 命令可以实时发送信号。

板载 RGB-LED 信号灯除了可以发送 SOS 求救信号，还可以根据需要，通过编码发送秘密信息，你想试一试吗?

秘密信息	
摩斯编码	
信号灯组合方式	

知识加油站

1. 光的三原色

光的三原色是红、绿、蓝，我们的眼睛像一个三色接收器，大多数的颜色可以通过红、绿、蓝三色按照不同的比例合成。

2. 摩尔斯电码

摩尔斯电码（又译为摩斯密码，Morse code）是一种时通时断的信号代码，通过不同的排列顺序来表达不同的英文字母、数字和标点符号。

摩尔斯电码编码简单清晰，不容易产生歧义，编码主要是由两个字符表示：“·”“—”，一长一短，短促的点信号“·”，读“滴”（Di）；保持一定时间的长信号“—”，读“嗒”（Da）。可以使用灯光（声音）的长短或者不同颜色的灯光来定义“·”“—”。

脑洞大开

利用板载 RGB-LED 信号灯还可以做出哪些效果呢?

- 流光溢彩的节日彩灯。
- 指挥交通的红绿灯。
- 安保的警示灯。
- 用灯的亮和灭来表示二进制。

知识树

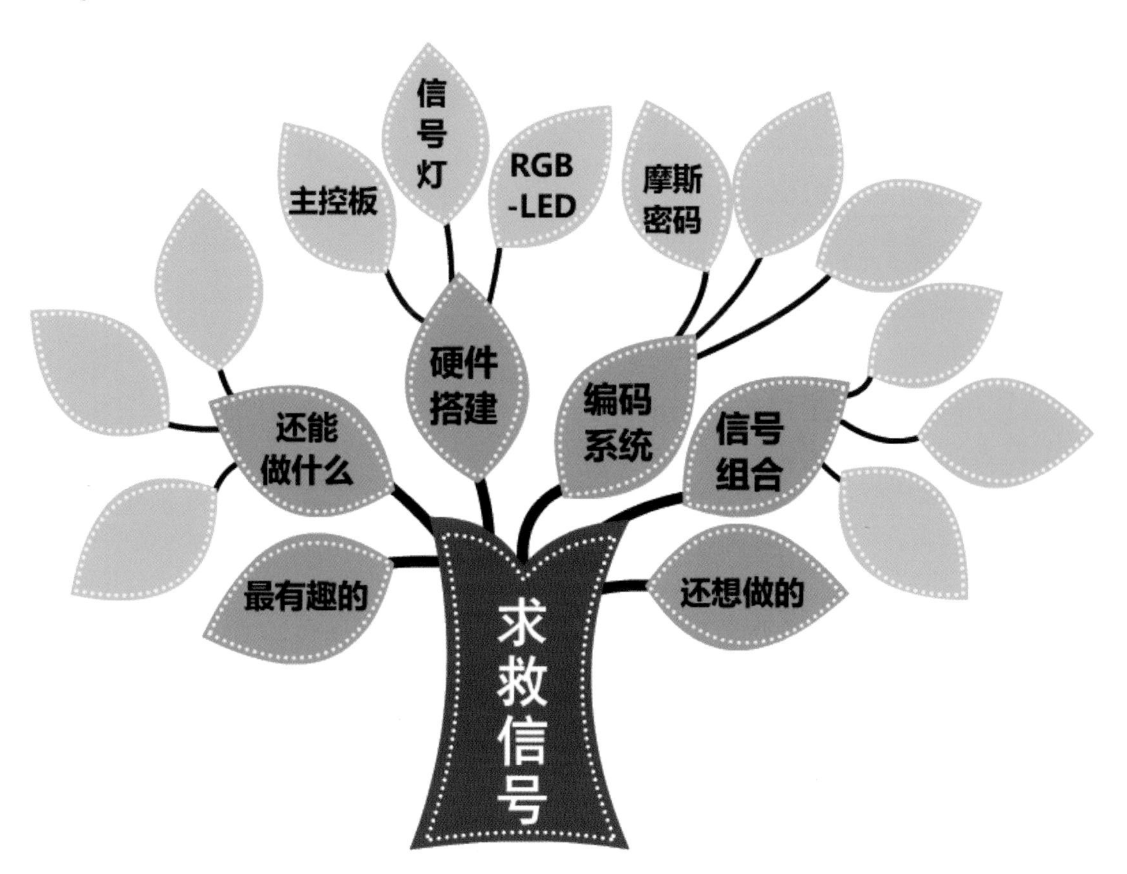

第 6 课 高空跳伞

本周末，萨卡拉奇皇家跳伞队将举行一场大规模的高空跳伞表演，听说皇家跳伞队实力超群，在国际上赢得过不少大奖呢！这么精彩的表演可千万别错过了，一起去看看吧！

科学探究

可以使用按钮发出跳伞指令，如图 6-1 所示。

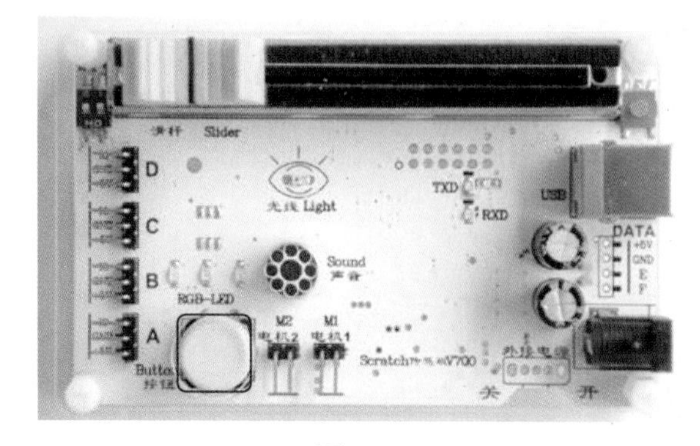

图 6-1

按钮也称开关，主要用来发布操作命令，接通或断开控制电路，控制设备的运行。

我们先来做个简单的实验，看看按下或松开按钮时，参数会怎样变化。

（1）连接硬件。

（2）启动 Scratch，勾选“更多模块”里的 板载按钮 按下? 。

（3）分别按下或松开按钮，观察舞台上的参数值 onboard button down? false 如何变化，并将它记录在表 6–1 中。

表 6–1

按钮传感器状态	参数值
按下	
松开	

思维向导

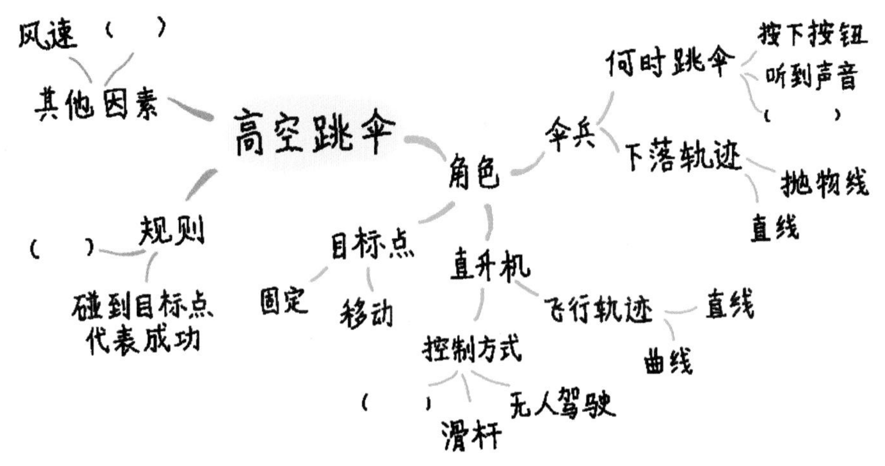

任务及分析

任务开始时，直升机自动在舞台上方左右往返运动，按下按钮后伞兵开始跳伞，如果碰到目标点，表示成功完成跳伞任务。

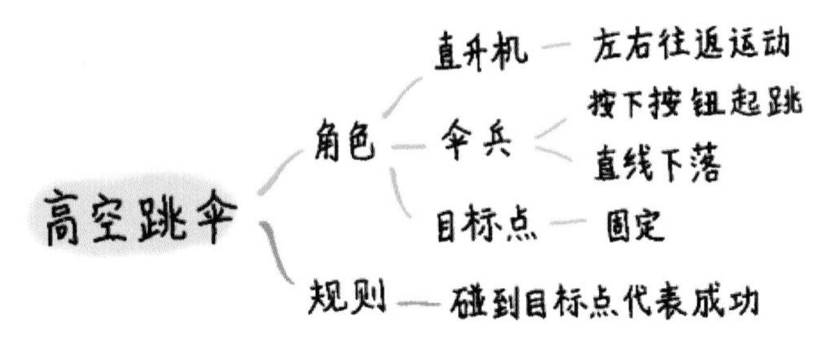

1. 设置舞台

单击“绘制新背景”，使用绘图工具绘制舞台背景。

2. 设置角色

分别从角色库和“第 6 课\学生素材”文件夹中导入角色“Helicopter”和“伞兵”。
单击“绘制新角色”，使用“矩形”绘制角色“目标点”。
设置完成后的舞台效果如图 6-2 所示。

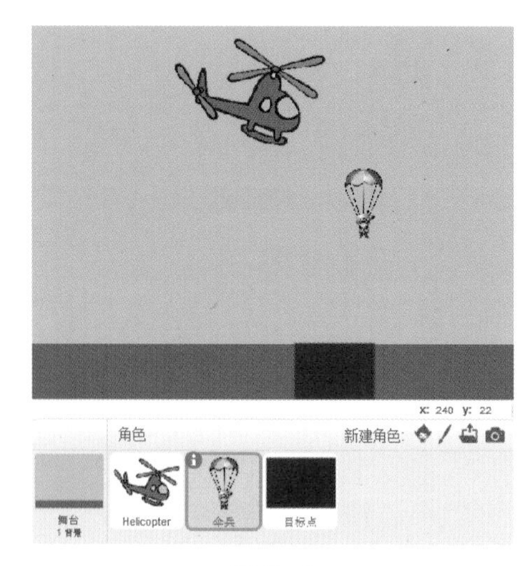

图 6-2

3. 编写脚本

☞ 直升机

参考指令如图 6-3 所示。

图 6-3

☞ 伞兵

想一想：
伞兵碰到地面或“目标点”会停止下落，如何实现？
碰到“目标点”代表成功完成跳伞任务，如何实现？
请将图 6-4 中空缺的指令补充完整。

```
重复执行
    go to Helicopter
    隐藏
    如果 <板载按钮 按下?> 那么
        显示
        重复执行直到 <  > 或 <  >
            将y坐标增加 -3
    如果 <  > 那么
        将变量 成功次数 的值增加 1
```

图 6-4

4. 运行并调试程序

单击 [绿旗] 执行程序，看看是否达到了预期的效果?

☞ 不断移动的“目标点”

点拨：汽车参考指令如图 6-5 所示。

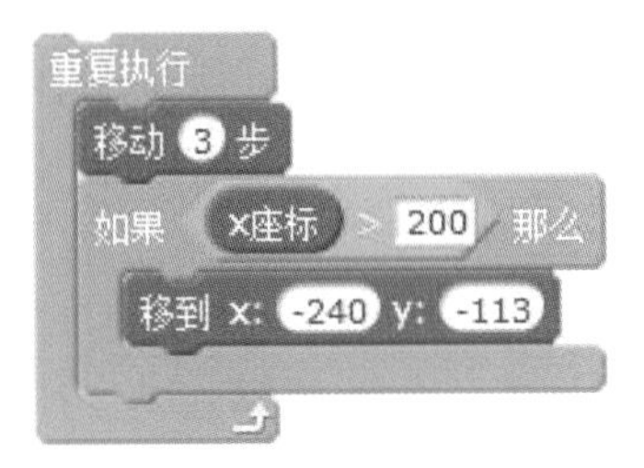

图 6-5

☞ 使用滑杆控制直升机水平移动

点拨：直升机关键指令如图 6-6 所示。

图 6-6

通过声音发出跳伞指令

点拨：伞兵关键指令如图 6-7 所示。

图 6-7

知识加油站

常见的开关：

按钮式开关

旋钮式开关

钥匙式开关

紧急式开关

按钮式：适用于嵌装固定在开关板、控制柜或控制台的面板上。
旋钮式：用手把旋转操作触点，有通断两个位置，一般为面板安装式。
钥匙式：用钥匙插入旋转进行操作，可防止误操作或供专人操作。
紧急式：有红色大蘑菇头突出于外，紧急时可切断电源。

脑洞大开

利用按钮还可以做出什么样的效果?

- 使用按钮改变造型：川剧变脸。
- 使用按钮设置颜色特效：彩色灯泡。
- 使用按钮播放音效：幸福拍手歌。
- 使用按钮作为发射器开关：空战游戏。

知识树

按钮
声音
运动
外观
规则
控制
角色
最有趣的
还想做的
高空跳伞

第 7 课
智能报警器

萨卡拉奇王国准备将国家实验室 24 小时对国民开放，但是设备不能被随意移动位置，更不能被带离实验室，怎样善意地提醒呢？今天国王召见了卡特喵，希望卡特喵来帮助解决这个问题。

科学探究

声音是一种很好的提示方式，如果设备被移动，我们就用蜂鸣器发声来提醒吧。蜂鸣器的外观如图 7–1 所示。

图 7–1

看一看：蜂鸣器的针脚（也称为管脚）有几个？观察到了什么？

猜一猜：蜂鸣器的针脚为什么不一样长？

（1）连接硬件。主控板左侧有 A、B、C、D 四个扩展口，每个端口都有 3 枚插针，每个插针均有自己的名称，如图 7-2 所示。

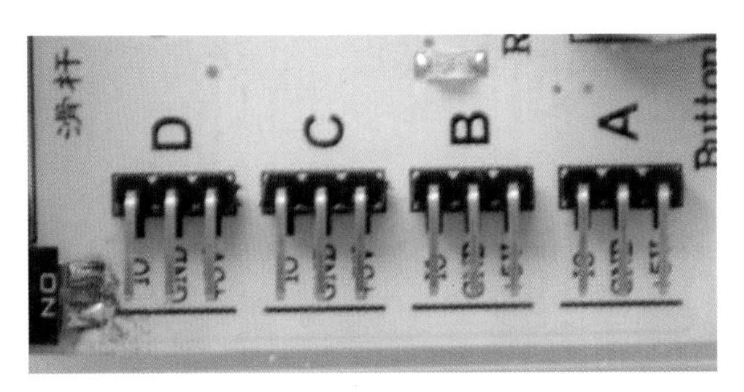

图 7-2

每个扩展口上的三个插针的标识分别是：__________、__________、__________。

我们用杜邦线将蜂鸣器和扩展口连接起来，由于 5V 不受程序控制，所以我们使用 IO 和 GND。将蜂鸣器接到了扩展口 A，如图 7-3 所示。

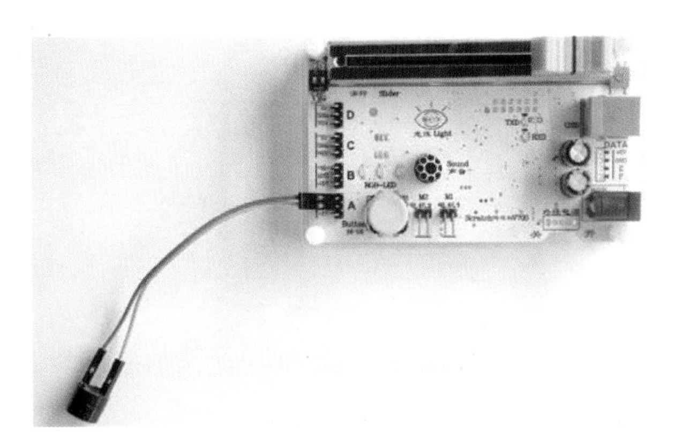

图 7-3

（2）启动 Scratch，从“更多模块”里选取 PortA 安装 电平输出 / PortA 输出 低 电平、PortA 安装 电平输出 / PortA 输出 高 电平 进行测试。

（3）注意蜂鸣器的变化，并将它记录在表 7-1 中。

表 7-1

	PortA 输出低电平		PortA 输出高电平	
扩展口插针	IO	IO	IO	IO
蜂鸣器针脚	长	短	长	短
蜂鸣器是否鸣叫				

（4）探究结论，如表 7–2 所示。

表 7–2

插针名称	含义	对应接口
IO	输入输出端口	受程序控制，本课接蜂鸣器长针脚，根据程序设定方式鸣叫
GND	外接 GND，接地	负极，接蜂鸣器短针脚
+5V	5V 恒定电压	正极，接蜂鸣器长针脚会一直鸣叫

想一想：

+5V 真的不受控制吗？你也可以试一试。

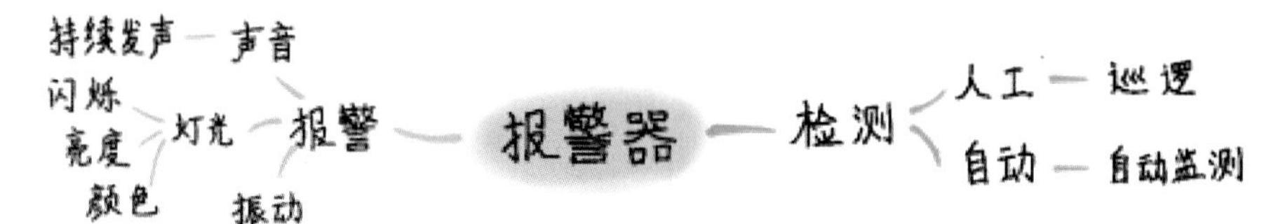

当光线传感器监测到设备被移动时，蜂鸣器发出报警声，若设备被放回去，则蜂鸣器停止报警。

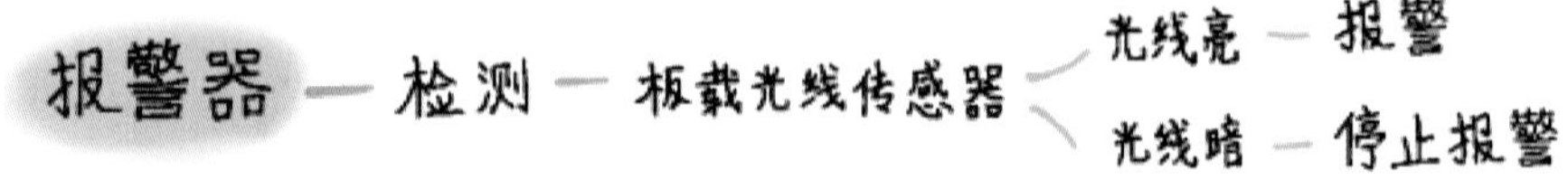

1. 编写脚本

☞ 在“更多模块”中勾选“板载光线传感器”：

板载光线传感器

定义蜂鸣器连接的扩展口：

PortA 安装 电平输出

主控板 A 端口此时为输出口，让蜂鸣器发出警报声，关键程序如下：

想一想：

主控板上的光线传感器放置在设备的什么位置，才能达到一拿走设备，光线就发生明显变化的效果。

试一试：

根据测试光线值的方法，为本次任务设定较为合适的光线参数值。

点拨：

关键脚本如图 7-4 所示。

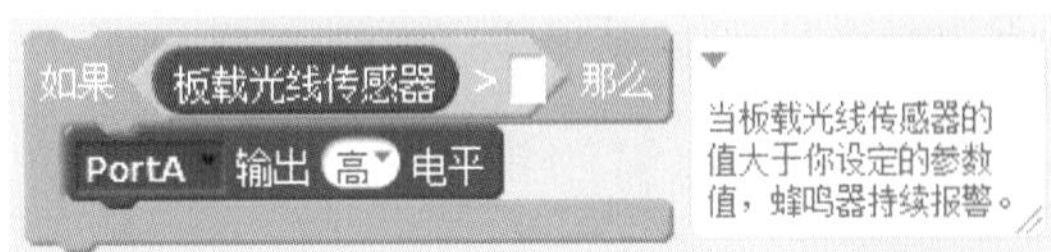

图 7–4

2. 运行调试

从程序逻辑和严谨性上看是不是少了点什么？将图 7–5 中的其中一条指令，放入程序中测试效果。

图 7–5

程序仅仅执行了一次，而不是自动化的智能报警器，怎么改进：

____

有没有方法让程序更简洁、直观：

____

如果面对听力残障人士，可以采用什么方式报警?

____

主控板有四个扩展口，还可以增加哪些外接设备?

____

☞ 点拨：

增加 LED 灯是一个不错的选择。参照图 7–6，用杜邦线连接普通 LED 灯，让模块上的排针与主控板扩展口排针一一对应。

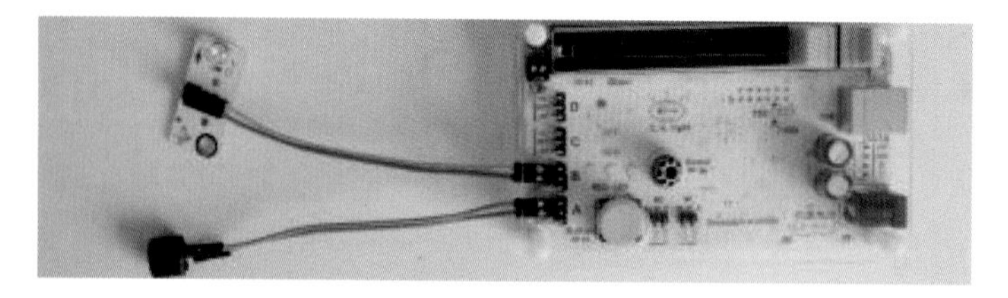

图 7–6

关键脚本如图 7–7 所示。

图 7–7

想一想：

如果在夜晚，光线传感器能起作用吗？如果不起作用，又该怎么办呢？

知识加油站

1. 杜邦线

杜邦线是美国杜邦公司生产的有特殊效用的缝纫线。电子行业杜邦线可用于实验板的引脚扩展，增加实验项目等。可以非常牢靠地和插针连接，无需焊接，可以快速进行电路试验。

图 7-8

2. 蜂鸣器

蜂鸣器属于执行器（输出模块），分为有源蜂鸣器和无源蜂鸣器。区分方法：有源蜂鸣器内置振荡电路，通直流电就可连续发声，高度略高（例如本节课用到的蜂鸣器）；而无源蜂鸣器则和普通喇叭一样，需要加音频驱动信号才能发声。

图 7-9

脑洞大开

运用主控板扩展口及板载传感器，做一个 SOS 搜救报警器。

（也可作进一步美化，类似图 7-10：报警时，小猴子眼睛亮起来，嘴巴叫起来，很有童趣！）

图 7-10

为残疾人（例如：腿部残疾、手部残疾、聋哑人、盲人等）设计一款智能求助器 / 提示器。

观察图 7-11 所示的可穿戴设备用到了什么传感器？可以作为什么报警器？ 想一想，此时扩展口使用的是信号输入还是输出？

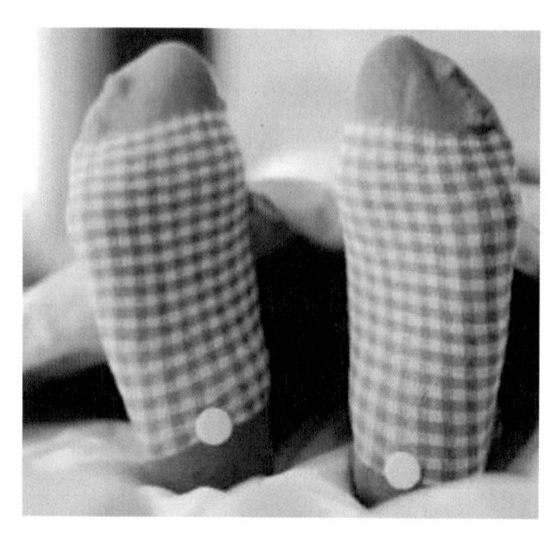

图 7-11

能否利用蜂鸣器与按钮配合制作一个手动报警器？

知识树

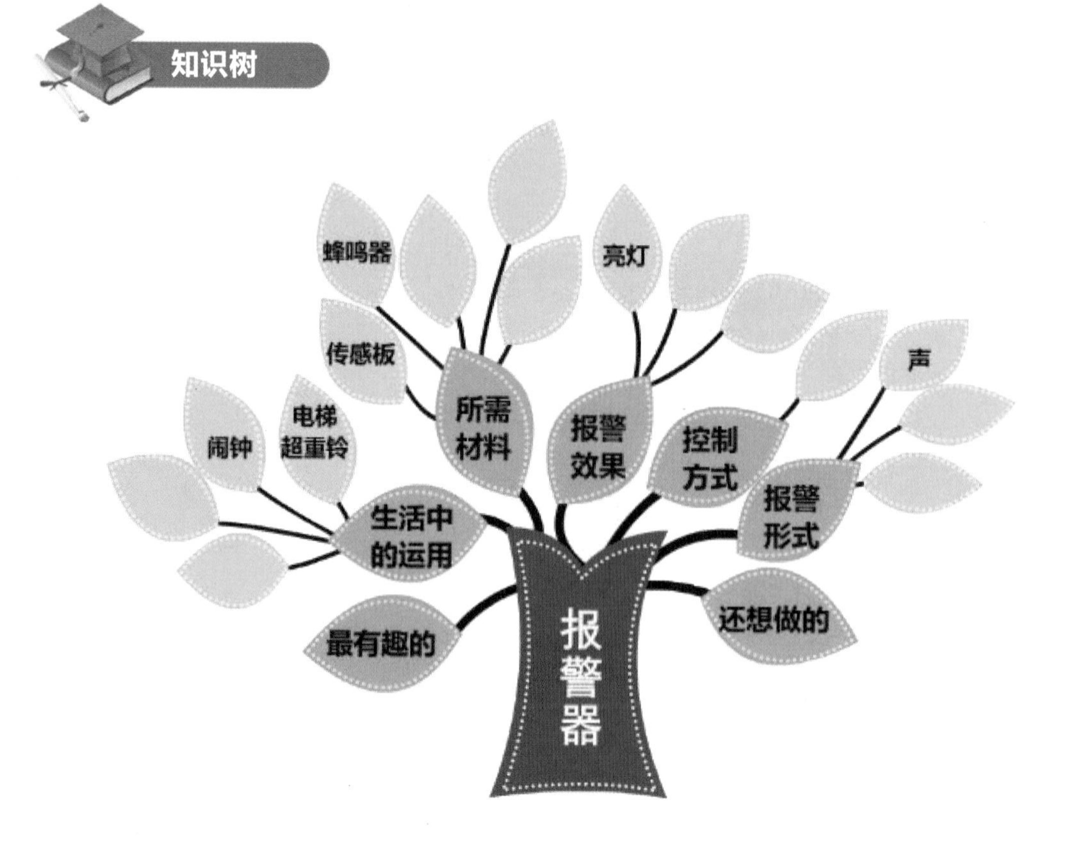

第 8 课 智能风扇

萨卡拉奇王国的天气变化无常。同一个季节里，时而酷暑难耐，时而寒气逼人。卡特喵决定制作一个感应气温变化的智能风扇。

科学探究

认识直流电机

直流电机是可以为机械装置提供动力的典型输出元件，Scratch 主控板为我们提供了 2 个电机输出接口，可以同时连接两个电机。Scratch 主控板可以对直流电机的转动方向和速度进行控制。

1. 硬件搭建

观察 Scratch 主控板，该主控板集成了 M1、M2 二个电机接口，使用杜邦线将“电机 1”接口与直流电机连接，如图 8-1 所示。

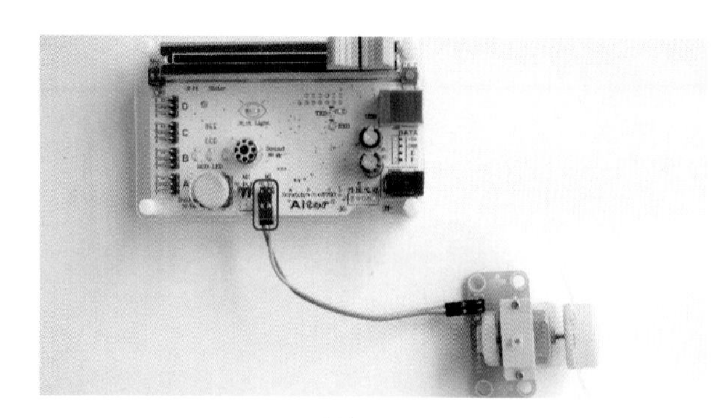

图 8-1

2. 实验探究

从 Scratch“更多模块”里找到 电机1 速度 0 ，设置不同的参数值，观察电机转动的情况，将结果填入表 8-1 中。

表 8-1

速度	是否转动	转动方向（顺 / 逆时针）	速度	是否转动	转动方向（顺 / 逆时针）
0					
50			-50		
100			-100		
150			-150		
200			-200		
255			-255		

你得出了什么样的结论?

☞ 认识温度传感器

温度传感器用于检测物品的实际温度，本例用的温度传感器由一个探头和一个接口板组成，感温范围为 -55℃～ 125℃。接口板有 3 个针脚：+5V、GND、IO，分别对应了 Scratch 板的扩展卡的三个针脚 +5V、GND、IO，如图 8-2 所示。

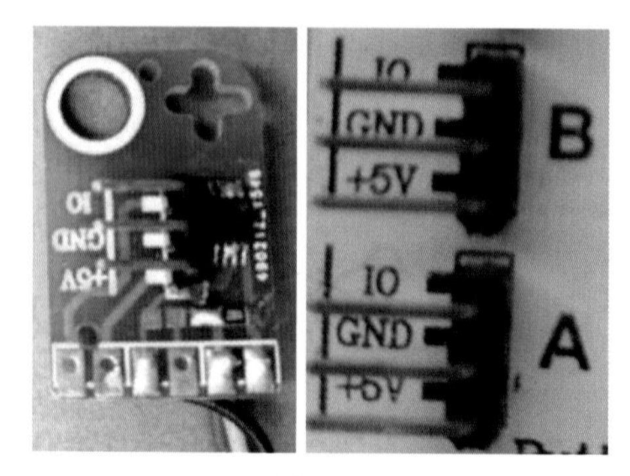

图 8-2

1. 硬件搭建

将温度传感器接口板安装在 Scratch 主控板的立柱上，用杜邦线将温度传感器与扩展 A 口连接，连接时注意 3 个引脚的对应关系，如图 8-3 所示。

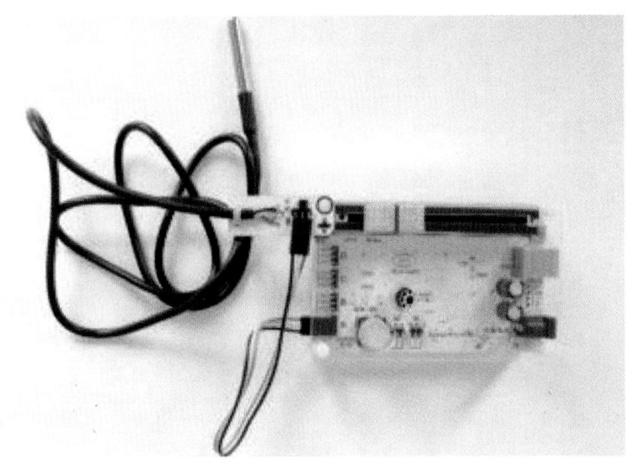

图 8-3

2. 实验探究

为便于测试，可定义一个温度的变量 温度 0 ，显示在舞台中。然后用图 8-4 中的脚本进行测试。

图 8-4

测试不同的物品，看看舞台上温度变量的变化，并将它记录在表 8-2 中。

表 8-2

情况	温度值
正常情况	
手握住传感器 10 秒	
放入冰水中	
摩擦探测棒能达到最高温度	

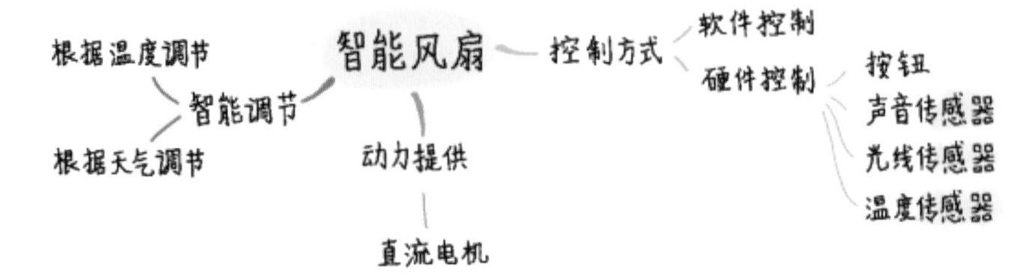

利用温度传感器检测环境温度，根据温度变化自动调节风扇，同时在 Scratch 中显示天气情况。

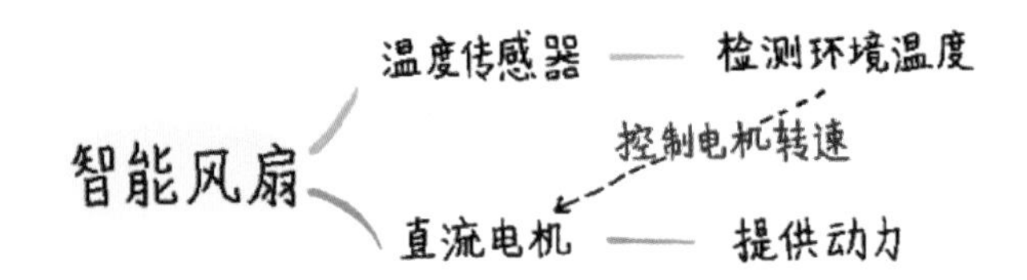

1. 设置舞台与角色

（1）用图片“太阳”来表示晴天炎热，“乌云”表示阴天凉爽。在“第 8 课\学生素材”文件夹中，导入素材：“太阳”“乌云”。

（2）增加变量：“温度”，如图 8-5 所示。

图 8-5

2. 编写脚本

用温度传感器获取室温，如图 8–6 所示。

图 8–6

根据温度值控制电机，如图 8–7 所示。

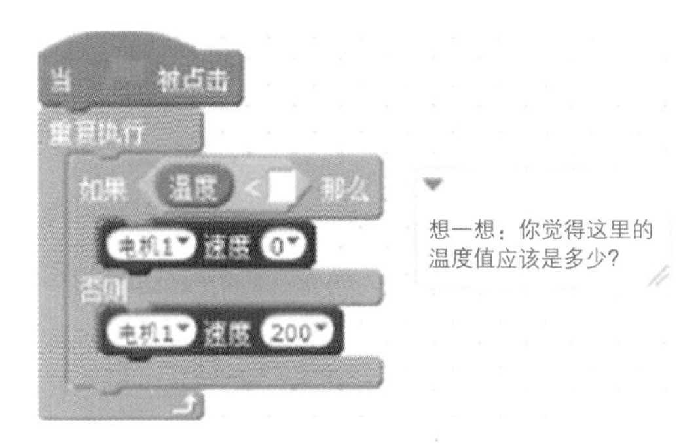

图 8–7

角色：太阳

气温较高时，“太阳”显示，否则“太阳”隐藏，如图 8–8 所示。

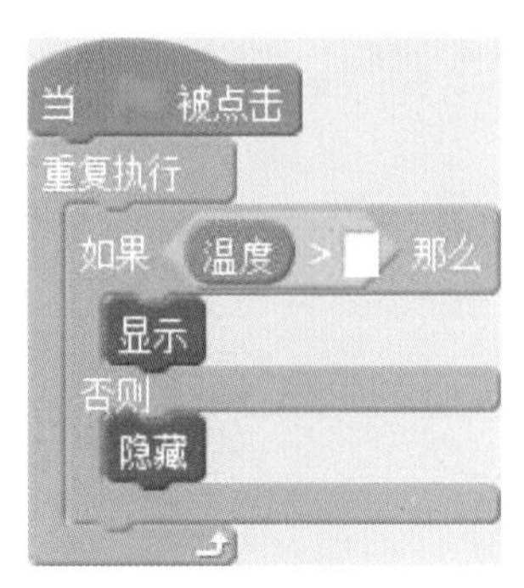

图 8–8

角色：乌云

气温较低时，“乌云”显示，气温较高时，“乌云”隐藏，如图 8–9 所示。

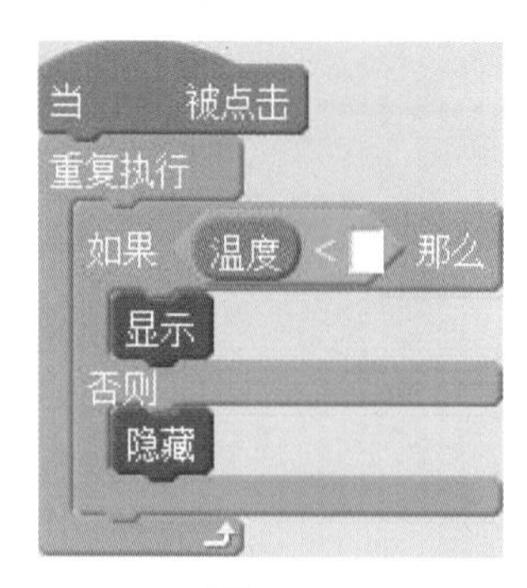

图 8-9

3. 运行并调试程序

执行脚本，小风扇智能吗？符合你的要求吗?

（1）为了制作更加智能化的风扇，我们可以根据室内温度值，智能调节风扇转速，如：炎热时室内温度为 30℃～ 40℃，而直流电机的能量为 200 ～ 250。则需要将 30℃～ 40℃的值对应为电机的能量 200 ～ 250。方法如图 8-10 所示。

图 8-10

（2）再加上指示灯，电风扇转动时，板载 LED 绿灯亮；电风扇停止时，板载 LED 红灯亮。

还记得《幸运大抽奖》吗? 你也可以利用 Scratch 主控板结合直流电机做一个按钮控制的转盘抽奖机的实物，如图 8-11 所示。

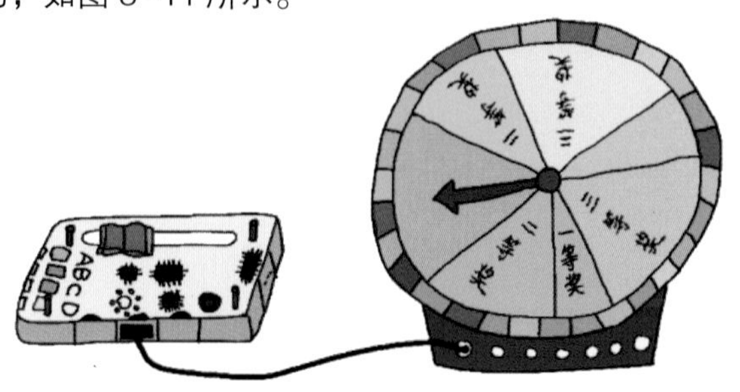

图 8-11

- 结合光线传感器，利用电机输出口外接 LED 模块，制作一个智能台灯。
- 使用小水泵（直流电机）制作一个自动抽水系统。

知识加油站

（1）电机的速度是通过提供不同的电压值来控制的，转动方向则是通过提供不同的电流方向来控制的。过小的电压不能驱动电机转动，电脑 USB 接口提供的电压为 4.75～5.25V，最大输出功率是 2.5W。因此对于功率太大的电机，USB 接口不能驱动，需加外接电源。

（2）Scratch 主控板为每个电机输出接口提供 0～255 的能量值，因此我们还可以用电机输出口来控制 LED 灯的发光强度。

（3）映射：数学用语，指两个元素集合相互“对应”的关系，或指形成对应关系。在编写程序时，经常需要将一段数值对应为另外一段数值。例如，天气温度值为 0℃～40℃，而电机转动能量值为 0～255，将 0～40 对应为 0～255。采取的办法是数学计算，设变量 x 的范围是 0～40，将 x 映射为 0～255 的方法是：（x / 40）*255。

知识树

第 9 课
果园大丰收

萨卡拉奇王国迎来了丰收季节，卡特喵和朋友们一起在果园里快乐地忙个不停，他们收获红苹果的过程可奇妙了，赶紧去看一看吧。

科学探究

有一种体感游戏，比如切水果，身体面向大屏幕，手挥舞着作切的动作，就能将屏幕上的水果切开。怎么做到的呢？诀窍是：通过摄像头捕捉身体的动作完成游戏。Scratch 2.0 新增摄像头侦测指令，如图 9-1 所示，能实现类似的功能。

视频在 角色 上的 动作

将摄像头 开启

将视频透明度设置为 50 %

图 9-1

摄像头的相关指令有三条：第一条用于捕捉动作；第二条打开摄像头；第三条设置摄像头所捕捉画面的透明度。

透明度设置为 0 ～ 100%，我们来做一个实验，找出你喜欢的透明度。

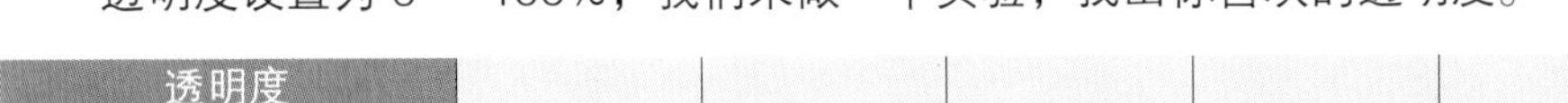

透明度						
捕捉画面清晰度高或低						

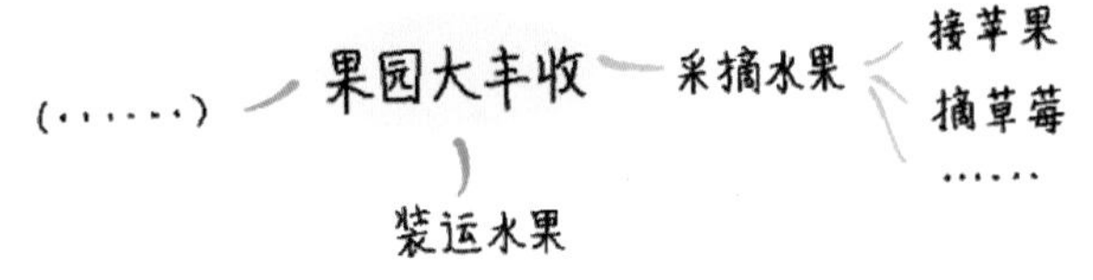

苹果已经熟透了，要掉下来了，我们赶快接住它。

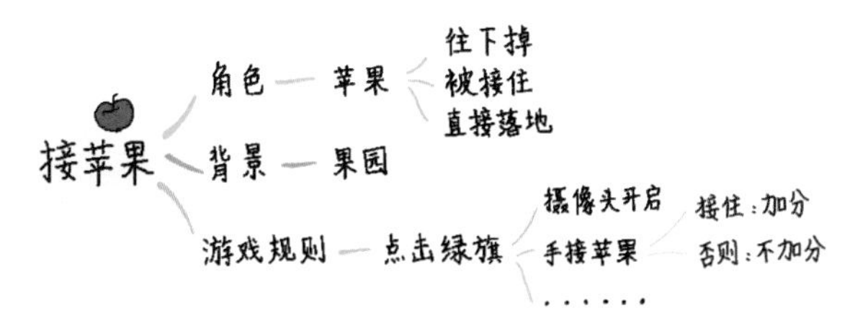

1. 设置角色

分别从角色库和“第 9 课 \ 学生素材”文件夹中导入角色“苹果”和背景“苹果园”，如图 9-2 所示。

图 9-2

2. 编写脚本

☞ 新建一个“得分”变量，并将变量初始化为 0。

以“Apple1”为例，单击绿旗，摄像头自动开启，将视频透明度设置为 50%，参考脚本如图 9–3 所示。

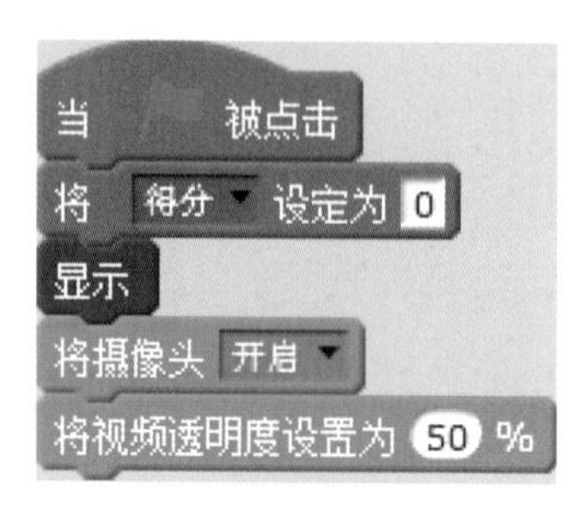

图 9–3

☞ 通过摄像头侦测动作，如果接住了苹果，得分增加 1；若没有接住，苹果掉到地面，发出声音并消失。等待 1 秒钟后又随机从树上掉下来。参考脚本如图 9–4 所示。

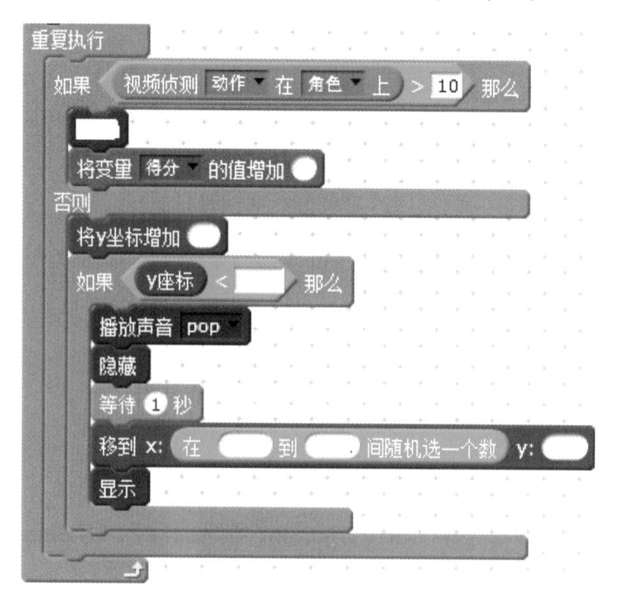

图 9–4

3. 运行并调试程序

运行程序，看看是不是达到了预期效果。还有哪些地方可以完善?

要随机出现无数个苹果怎么办呢?

☞ 点拨：

Scratch 2.0 中有一个“克隆指令”，可以让一个苹果不停地自我克隆，这样就可以复制出无数苹果了。比如每隔 0.1 秒克隆一个苹果，参考脚本如图 9-5 所示。

图 9-5

☞ 克隆不同大小的苹果出现在随机的位置，参考脚本如图 9-6 所示。

图 9-6

☞ 克隆苹果碰到边缘就消失，参考脚本如图 9-7 所示。

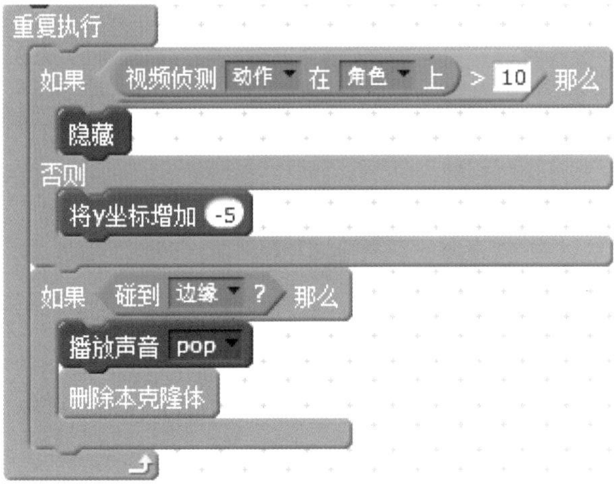

重复执行
如果 视频侦测 动作 在 角色 上 > 10 那么
隐藏
否则
将y坐标增加 -5
如果 碰到 边缘 ? 那么
播放声音 pop
删除本克隆体

图 9-7

知识加油站

克隆指令：Scratch 2.0 新增指令，可以实现让一个角色拥有无数个镜像，可以为这些镜像设计脚本让其移动，不像用“图章”指令制作出来的角色那样不能移动。相关指令如图 9–8 所示。

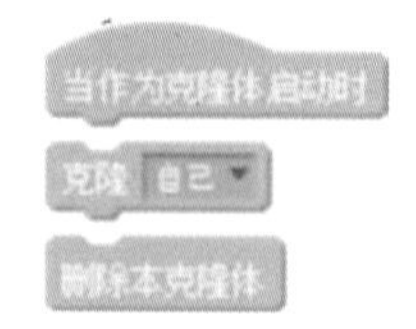

图 9–8

脑洞大开

- 编写一个迎宾程序：一旦摄像头捕捉到有人进入，就发出“欢迎光临”的迎宾语。
- 设计一个赶鸡吃虫的游戏：一旦摄像头捕捉到动作，就赶小鸡去吃四处跑动的虫子。
- 设计一个切水果的游戏，利用摄像头捕捉动作，切开掉落的水果则得分。
- 你还可以用这些功能设计出什么?

知识树

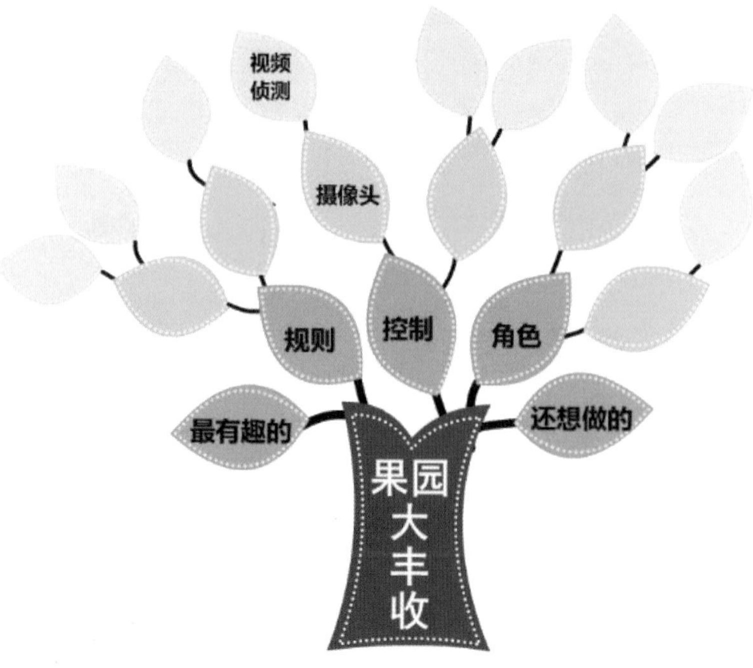

第 10 课 机械章鱼

萨卡拉奇王国的图书馆有一只机械章鱼，它的每一个触手都有不同的能力，能够在不同的场合帮助我们完成各种事情。我们也来用主控板制作一只这样的机械章鱼。

思维向导

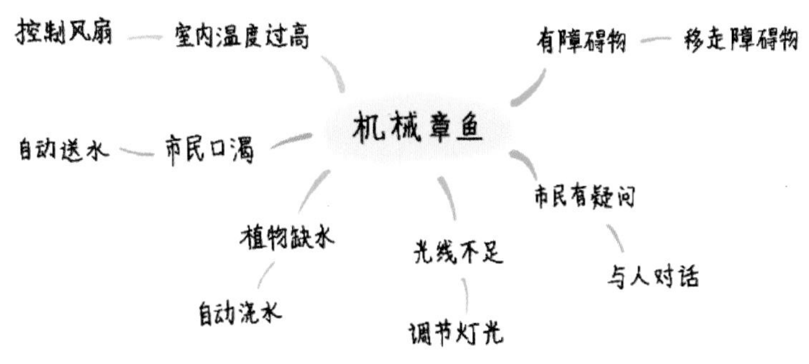

任务及分析

使用主控板及传感器、执行器，制作一个能感知按钮动作、光线变化、声音变化，并作出相应处理的机械章鱼。

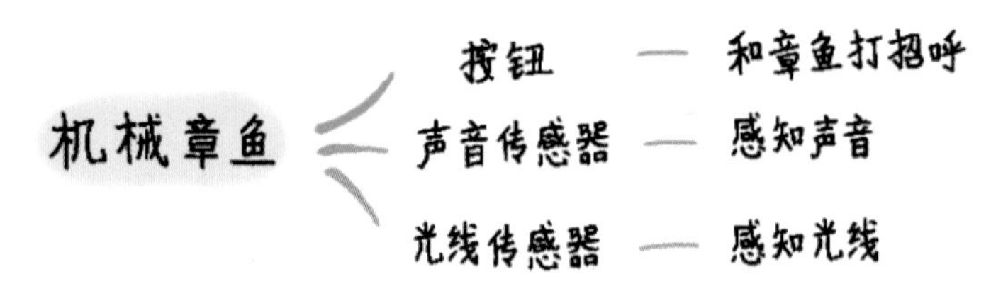

1. 硬件搭建

搭建硬件，如图 10-1 所示。

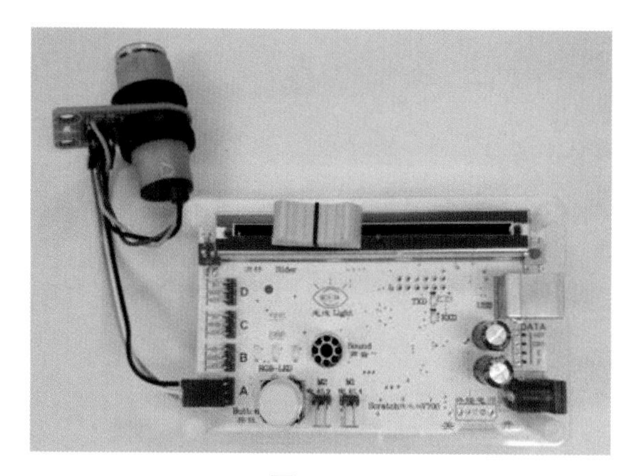

图 10-1

2. 设置角色

从“第 10 课\学生素材”导入“章鱼”角色，调整角色到合适大小。

3. 编写脚本

☞ 通过按钮和章鱼打招呼（图 10-2）。

图 10-2

☞ 通过声音传感器发出警示。判断周围的声音，当声音比较大的时候提醒保持安静（图 10-3）。

图 10-3

☞ 通过光线传感器发出提示。当光线太强的时候提醒拉上窗帘，太暗的时候提醒开灯（图 10-4）。

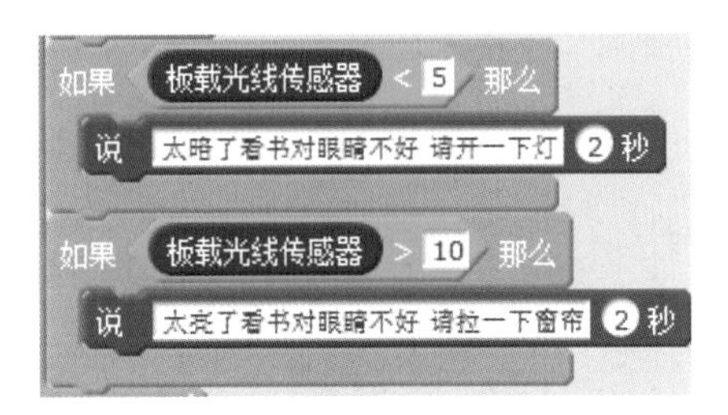

图 10-4

挑战自我

能否制作一个更强大的机械章鱼，感知更多的信息并自动执行，比如：自动调整灯光和控制风扇。

☞ 控制风扇

点拨：夏天很热，图书馆需要保持凉快，我们可以给章鱼配置 __________ ，当温度较高的时候开启风扇，当温度低的时候关闭风扇（图 10-5）。

图 10-5

调整灯光

前面的章鱼在光线不足的时候，只能提醒我们。如果章鱼能在光线不足时自动打开 __________ ，在光线充足时自动关闭 __________ ，我们的章鱼就更智能化了（图 10-6）。

图 10-6

接入其他传感器

章鱼通过各种传感器感知外部世界，如果有东西挡住了它就会影响其判断，如何判断是否有东西挡住它呢?

点拨：可以使用红外传感器。

将红外开关传感器接入 B 口。当红外开关传感器的电平为低的时候，表示被障碍物挡住，参考脚本如图 10-7 所示。

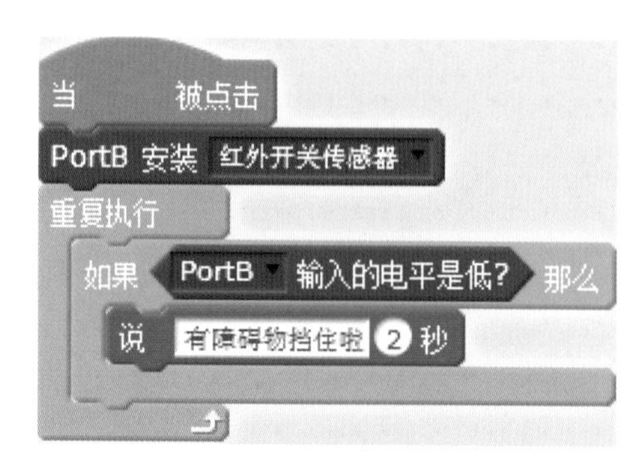

图 10-7

点拨：硬件搭建如图 10-8 所示。

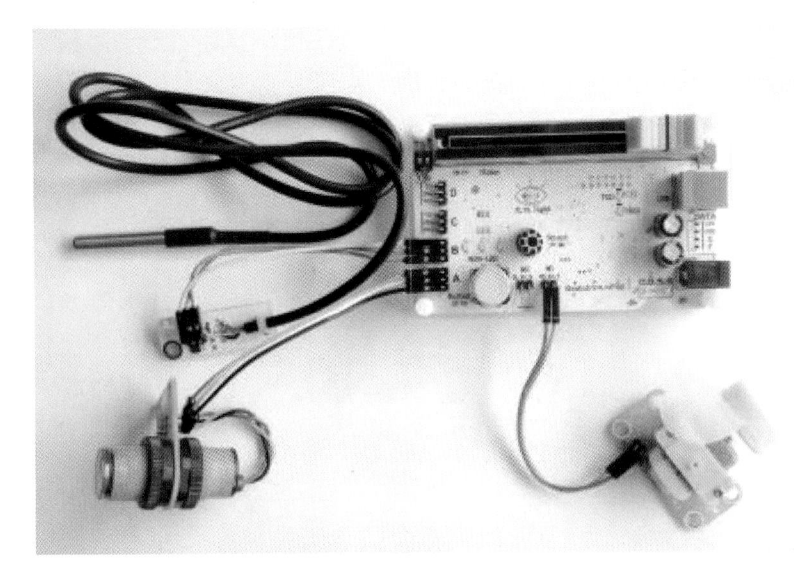

图 10-8

脑洞大开

通过本课的学习，我们还可以设计出什么作品?

- 调光台灯。
- 坐姿提醒器：写作业时，离书桌过近、过远时自动发出警示。
- 家庭小助手。
- 添加更多的传感器。

知识树

第 11 课 藏宝阁的守护神

萨卡拉奇王国的藏宝阁里又增加了很多神奇宝贝。这无疑给安保工作带来了很大压力，护卫队长向国王申请增加安保力量，防止宝物丢失。国王希望万能的卡特喵利用高科技来解决这一难题。让我们一起来研发这个防盗系统吧。

科学探究

要实现这个任务，会用到图 11-1 ～图 11-3 中的几种传感器。根据其名称先猜猜它的作用和工作原理，再观察接脚，看看该如何接入电路，然后通过 

的办法来检测其工作状态。

图 11-1　震动传感器

图 11-2　倾斜传感器

图 11-3　触碰传感器

传感器	传感器变化	输入的电平是否为低 True（真）/ False（假）	传感器“开关”灯状态
震动传感器	无震动		
	震动中		
倾斜传感器	圆筒直立		
	圆筒倾倒		
触碰传感器	开关无触碰		
	开关被触碰		

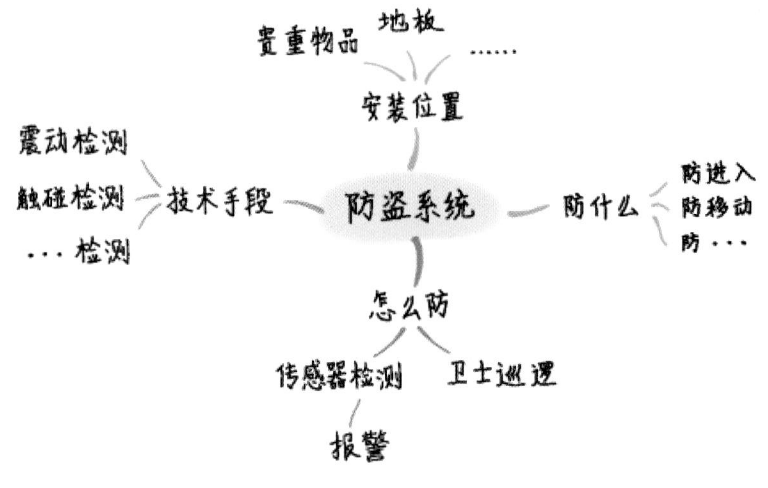

当藏宝阁的大门被打开、有人走动、宝物被搬动时，红色 LED 灯亮并报警。

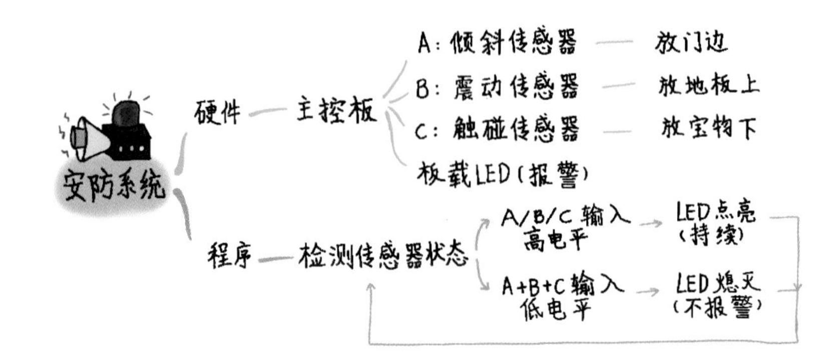

小试牛刀

1. 硬件搭建

根据任务分析，分别将倾斜传感器、震动传感器、触碰传感器接入 A、B、C 口，注意针脚的对应，然后用 USB 线连接电脑，如图 11-4 所示。

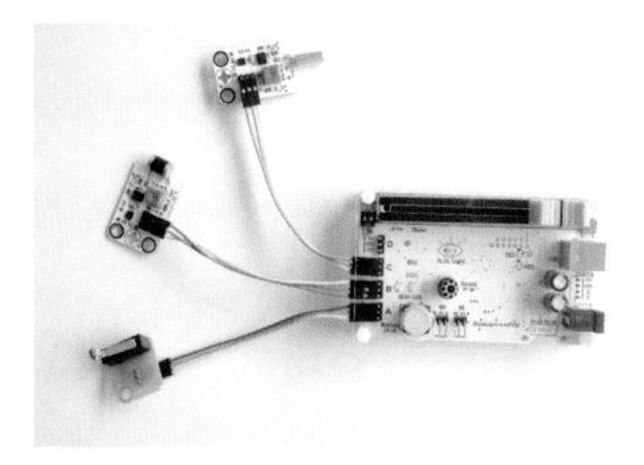

图 11-4

建议：如果有场景模型，用较长的杜邦线将这三个传感器分别安装到门边、地板上和贵重物品下。

2. 编写脚本

☞ 定义各传感器所在的接口（图 11-5）。

图 11-5

☞ 当所有传感器输入到主控板的电平为低时，不报警，而当 3 个传感器中有任意一个传感器为高电平时，LED 红灯亮，报警 60 秒，如图 11-6 所示。

如果 PortA 输入的电平是低? 且 PortB 输入的电平是低? 且 PortC 输入的电平是低? 那么
LED灯 板载 红灯 关闭
否则
LED灯 板载 红灯 打开
等待 60 秒
LED灯 板载 红灯 关闭

图 11-6

想一想：

（1）为什么我们没有逐个判断某一个或几个模块是否为高电平需要报警的情况，而是反过来先判断各口都没有警情。这样写有什么好处?

（2）触碰传感器默认值为高电平，我们怎样把默认值改变为低电平?

将你的想法和小组交流。

☞ 完善系统：

如何在窃贼进入藏宝阁大门时就能发现他，并用声音报警?

点拨：可以使用一个感应距离更远的红外开关传感器来取代触控传感器，并增加一个有源蜂鸣器。想一想，它们怎样和主控板连接，在实际使用中放在什么位置，什么样的高度和角度更合适？如图 11-7 所示。

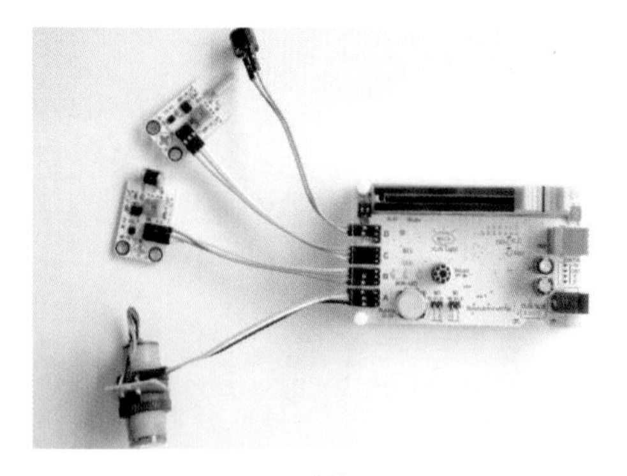

图 11-7

点拨：红外开关传感器前无物体时，默认输出为高电平，有物体时为低电平。因此可能修改到的关键地方如图 11-8 所示。

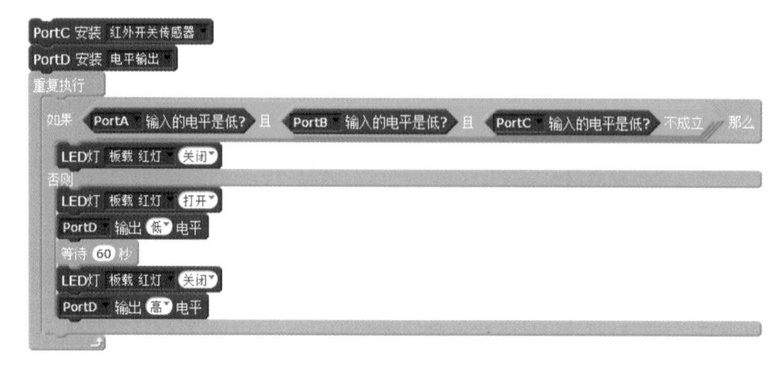

图 11-8

思考：
（1）上面哪几句脚本一起完成了声音报警?
（2）如果这套系统只在夜晚才启用，应该怎样修改程序?

知识加油站

1. 倾斜传感器（图 11-9）

当小圆筒处于直立时输出低电平，如果圆筒倾斜，则输出高电平。

图 11-9

2. 触碰传感器（图 11-10）

这种传感器比较简单，工作原理是作为一个按钮或开关使用，与板载的按钮一样。由于它是一个微动开关，因此比较灵敏。平常输出高电平，触碰（压下）触碰头，则输出低电平。

图 11-10

3. 震动传感器（图 11-11）

震动传感器接入方法与前面的三线接脚的模块相同。无震动时默认输出低电平，只要受到震动或抖动，就会输出高电平。

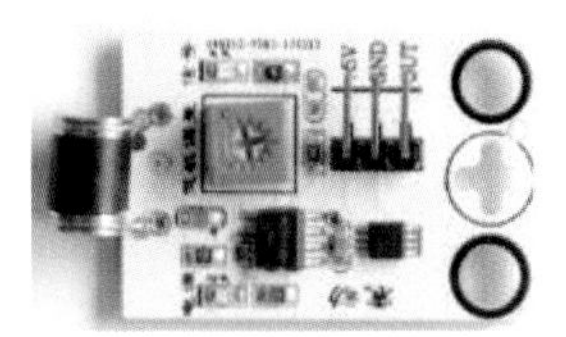

图 11-11

4. 震动电机（图 11-12）

震动电机作为一个输出模块使用，产生震动效果，可以用任一扩展口的高低电平控制其振动或不振动（对主控板而言是个输出装置）。而前面的震动传感器则是为感知环境震动的输入装置。

图 11-12

脑洞大开

能否结合电机或其他你所知道的传感器，设计出更多有趣的、有用的方案。比如：

- 能在声光报警的同时，将窃贼关在室内，来个瓮中捉鳖的防盗器。
- 小区门闸、车库自动道闸、小区门口进出人数统计器。
- 地震报警器。
- 行车平稳测试仪。

知识树

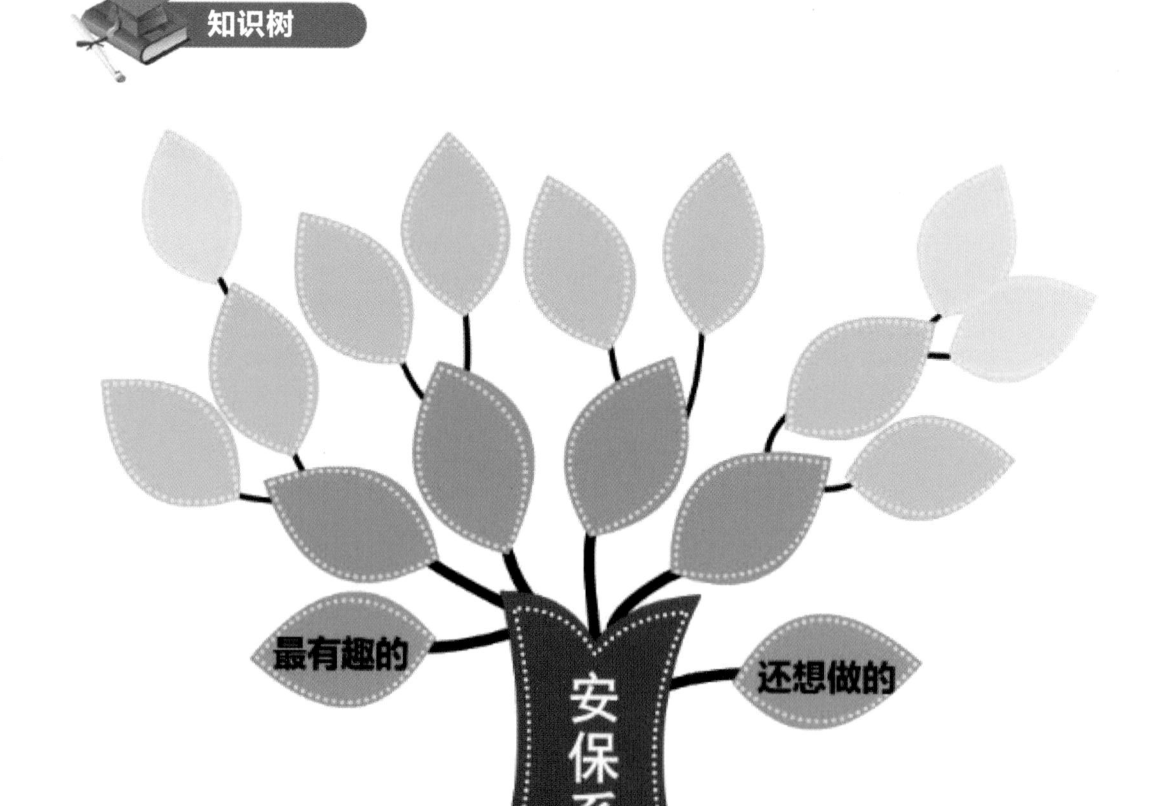

第 12 课 花园里的自动浇灌系统

萨卡拉奇王国里有一个城市花园，里面种植了各种奇花异草。由于全球气温升高，近年来经常高温少雨，加之人手不够，有时无法及时浇灌花草。今天卡特喵邀请大家设计一个浇灌系统，利用传感技术来解决给植物自动浇水的问题。

科学探究

为及时准确地知道土壤是否缺水，我们来认识一下土壤湿度传感器，如图 12-1 所示。

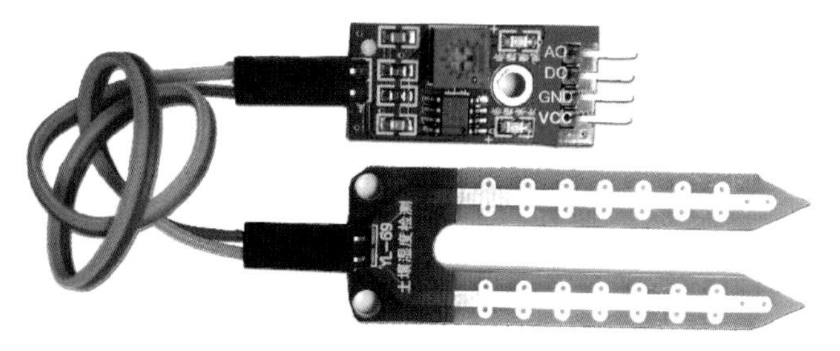

图 12-1

这个传感器是由杜邦线连接的探头和模块组成的。模块上有四个接脚，我们将使用它的VCC、GND、AO 三个接脚，对应连接到主控板扩展口的 +5V、GND、IO 口。

想一想：为什么不用 DO 口呢？从知识加油站里找找答案吧。

将探头完全插入干燥程度不同的土壤里。用图 12-2 中的检测程序来采集读数。

图 12-2

观察读数的变化，并将实验的读数填入表 12-1 中。

表 12-1

情况	干燥土壤	较干燥土壤	湿润的土壤	水分较多的土壤	水里
检测值					

思维向导

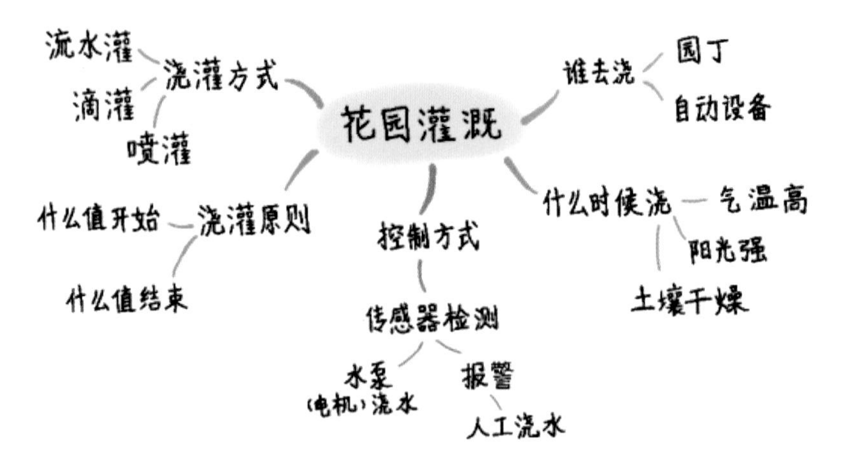

任务及分析

用土壤湿度传感器检测花园泥土的干燥度，并根据情况作出报警（声音或指示灯），或通过水泵电机执行自动浇灌，当湿度达到正常范围时，停止报警或浇水。

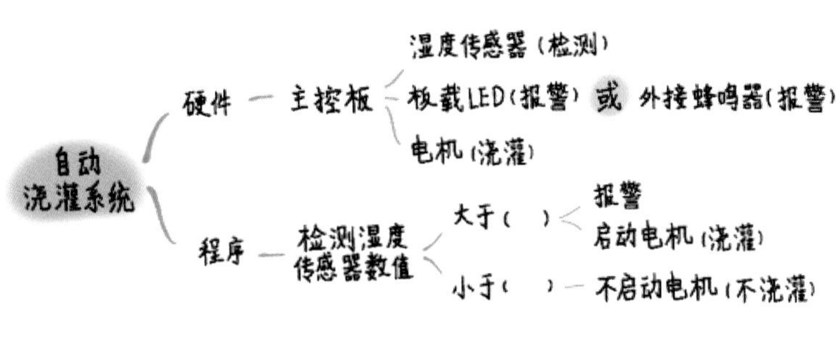

1. 硬件搭建

用杜邦线将湿度传感器的 VCC、GND、AO 对应连接到主控板的扩展 A 口的 +5V、GND、IO 口，将电机接入主控板的“电机 1”，然后将主控板连接到电脑，如图 12-3 所示。

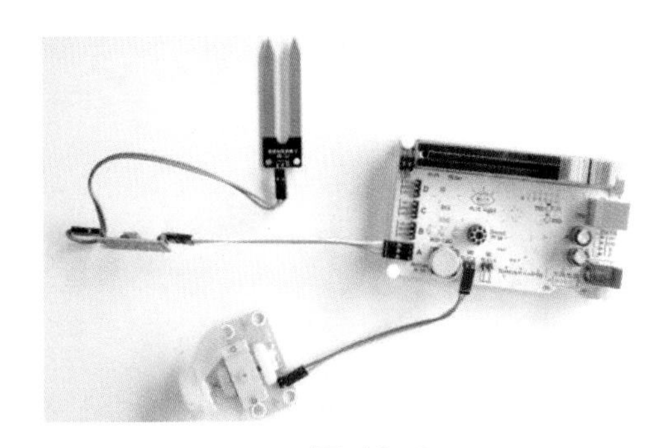

图 12-3

2. 编写脚本

☞ 定义土壤湿度传感器所在的接口，并让屏幕显示出检测到的数值（图 12-4）。

PortA 安装 湿度传感器
说 从 PortA 输入的数据

图 12-4

☞ 当土壤湿度传感器的值大于 ____________（过于干燥）时，开始浇水，如图 12-5 所示。

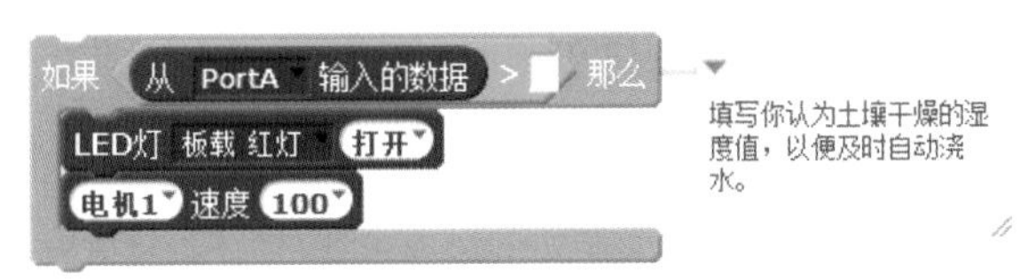

图 12-5

☞ 当土壤湿度传感器的值小于 ________（含水过重）时，停止浇水，如图 12-6 所示。

```
如果 从 PortA 输入的数据 < [ ] 那么
  LED灯 板载 红灯 关闭
  电机1 速度 0
```

填写你认为水分足够无须浇水的湿度值。以便及时停止浇水。

图 12-6

执行一下，发现什么问题：________________________________。

我是怎样解决的：________________________________。

挑战自我

☞ 干旱时我们为花园浇水，如果突降大雨，又该如何为花园排水呢?

点拨：增加排水功能

通过增加排水泵（电机）等设备，保证系统在洪涝时能及时抽水。参考图 12-7，想一想，增加的排水泵的排水管，应该安到花园的什么位置比较好呢?

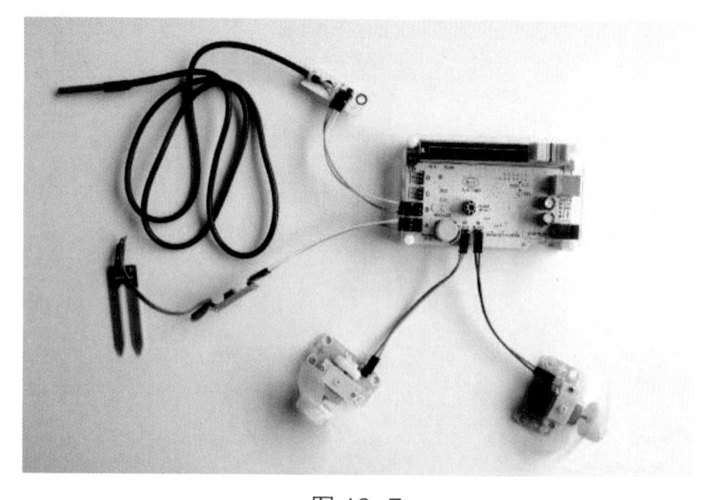

图 12-7

☞ 如何实现自动浇灌排水呢?

点拨：根据土壤湿度自动进行浇灌与排水的完整系统可以参照下面的分析（湿度值可以根据你的实际情况确定），如果再加上温度条件，应该怎么做呢?

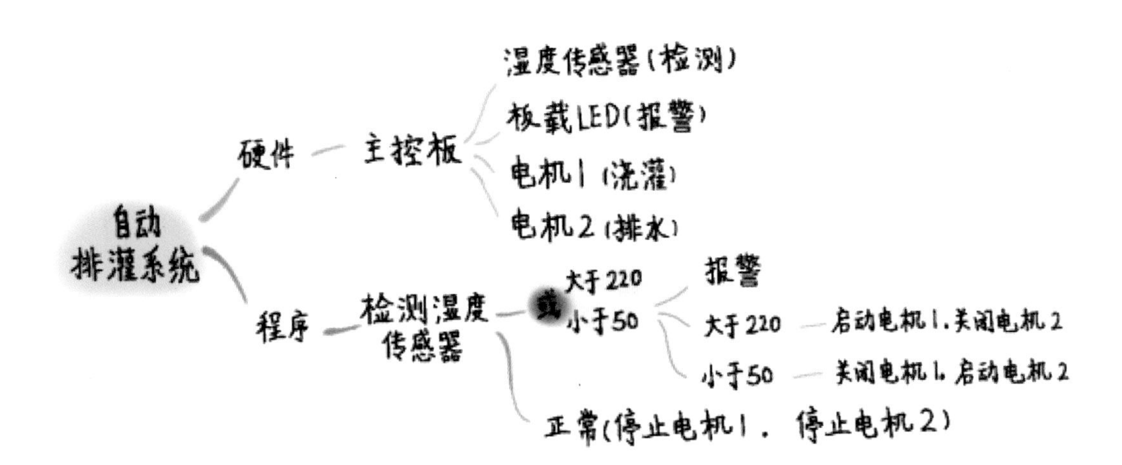

☞ 如何更加准确地判断天气情况？

点拨：也许可以使用水位传感器。在实际运用中，要考虑水位探头安装到什么地方最为合适？程序又该怎么写？

☞ 如何用你知道的传感器，更加准确地判断旱涝情况？

1. 土壤湿度传感器

参见图 12-1，该模块工作电压为 3.3V ～ 5V，含数字 DO 和模拟 AO 双输出模式。

数字口 DO 作输出，得到的数据是 0 和 1，即干湿两种状态：当土壤缺水时，模块输出 1（也称高电平），反之输出 0（也称低电平）。

模拟口 AO 作输出，可以获得更精确的湿度数值（即 Scratch 中的 0~255）。

模块的灵敏度可以通过蓝色小电位器调节。

2. 雨滴传感器

因使用场合不同，也称水位检测器，如图 12-8 所示。

大面积的探头（雨滴板）通过两根杜邦线与控制模块连接。DO 为数字输出，感应板没有水滴时输出为高电平 1，有水滴时输出低电平 0；AO 为模拟输出，可以得到雨滴量大小（0 ～ 255）。

雨滴传感器与土壤湿度传感器的工作原理一样，可以通过蓝色小电位器调整工作灵敏度。

图 12-8

3. 其他液位传感器

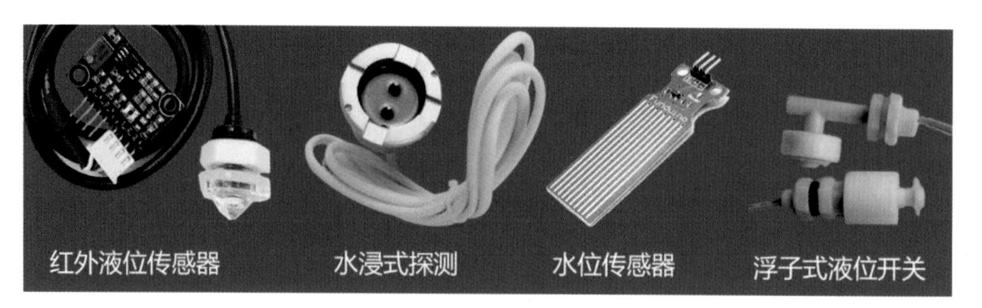

根据其外观和名称，猜想一下它们的工作原理，然后上网查查，验证自己的想法是否正确。并与前面的传感器比较，看看有什么异同?

脑洞大开

运用各种液体检测器，结合前面的知识，还可以做出哪些更有趣、更实用的设计?

- 阳台自动收晾衣杆。
- 猪肉水分检测器。
- 工厂排污检测系统。

知识树

最有趣的
还想做的
自动浇灌系统